励志四重奏

别让新奇的念头溜走
告诉青少年如何培养创新思维

苏玉红 ◎ 编著

郑州大学出版社
郑州

图书在版编目(CIP)数据

别让新奇的念头溜走:告诉青少年如何培养创新思维/苏玉红编著.—郑州:郑州大学出版社,2016.1
(励志四重奏)
ISBN 978-7-5645-1834-9

Ⅰ.①别… Ⅱ.①苏… Ⅲ.①创造性思维-青少年读物 Ⅳ.①B804.4-49

中国版本图书馆 CIP 数据核字(2014)第 095377 号

郑州大学出版社出版发行
郑州市大学路 40 号　　　　　　　　邮政编码:450052
出版人:张功员　　　　　　　　　　发行部电话:0371-66966070
全国新华书店经销
辉县市伟业印务有限公司印制
开本:787 mm×1 092 mm　1/16
印张:16
字数:230 千字
版次:2016 年 1 月第 1 版　　　　　　印次:2016 年 1 月第 1 次印刷

书号:ISBN 978-7-5645-1834-9　　　　定价:35.00 元
本书如有印装质量问题,请向本社调换

前言 Preface

手执水彩画笔，将蓝天涂得五颜六色，是否应该受到责备？敲击钢琴键盘，把音乐弹得不成曲调，是否应该接受训诫？拿起数码相机，把相片拍得不成图景，是否应该得到纠正？别让新奇的念头溜走，让青少年保留着自己那份独有的新奇！

青少年是嫣红的花朵，等待着阳光的照耀；青少年是嫩绿的新芽，等待着柔风的吹拂。在青少年时代的创造力与想象力是无限的，我们需要培养这种创新思维，以便能够迎接更丰富的人生。

青少年在这一时期的思维有着独有的特点。

鸟儿张开翅膀，在空中展现出各种美妙的姿态，同样，青少年思维有着独有的创造性。《望庐山瀑布》中有这样浪漫的诗句："飞流直下三千尺，疑是银河落九天。"想象新奇，夸张而具有创造性，这时李白亦只是二十出头。

毛笔饱蘸墨水，在宣纸上勾勒出富有神韵的图景，同样，青少年思维有着独有的抽象性。青年时代抽象思维出众，却得出正十七边形的尺规作图法，解决了两千年来悬而未决的难题。数学王子高斯只是大学二年级的学生。

青少年应该利用专属于自己的思维特点，在青年时期培养自己的创新思维，这对青少年的成长是有益的。

乔布斯曾说过："管理者和跟风者的区别就在于创新。"而乔布斯的创新思维亦是形成于他的青年时代。在他缔造的苹果王国中，创新思维发挥着至关重要的作用。他在二十一岁时成立自己的公司，先后推出了麦金塔计算机、IMAX、iPod、iPhone等风靡全球的电子产品。创新思维带领着苹果不断走向进步，让苹果公司引导简约和个性的数码文化潮流。那么，我们是否也能具有乔布斯一样的创新能力呢？

实际上，创新不是天然就具备的，但是创新也不是无规律可循的。我们应注意从青年时就培养创新思维，及时抓住新奇的念头。好奇心，是促进我们创新的第一步；想象力，是我们创新的源泉；学习，为我们创新带来充足的动力。怀有新奇念头的青少年，在正确方法的引导下，能在大海中拾到最美丽的贝壳，也能在夜空中寻到最璀璨的明星，更能创造出属于自己的一片天地！

本书精心为青少年编选寓意深刻、耐人寻味的创新故事。在每则故事前面有一则精炼的名人名言，后面配有精彩的创新哲思，让青少年在阅读创新故事后还可以领略到更多的新意，不断去培养和发展自己的创新思维。

其实成功的创新思维很难去照搬复制，唯有形成一种独立的创造力才能更持久地涌现出新的念头。希望青少年可以在阅读这些创新故事中锻炼自身的思维，找到一个适合自己的创意方法，更快更好地发展自己。"江山代有才人出，各领风骚数百年。"美好的明天终将是属于青少年的，何不趁着这大好的时光，努力培养自己的创新思维。

阴云密布，狂风怒号，创新为我们带来一束希望的光芒；天寒地坼，雪虐风饕，创新为我们带来一股温暖的热流；前路坎坷，崎岖不平，创新为我们带来一个崭新的明天。加油吧！青少年，快培养属于自己的创新思维吧！

编者

2014 年 1 月

目录 Contents

第一辑 创新的第一步是好奇
- 费曼的好奇心 ········· 3
- 母亲的呵斥 ········· 4
- 没有冒险就没有收获 ········· 5
- 富安的创意 ········· 6
- 好运气来自好奇 ········· 7
- 好奇心激发创新力 ········· 8
- 补鞋匠的纸条 ········· 9
- 祖师爷的智慧 ········· 10
- 盛田昭夫创办索尼 ········· 11
- 孩子的好奇心 ········· 13
- 埃坦的地图 ········· 14

第二辑 想象力是创新的源泉
- 打开想象力的闸门 ········· 19
- 成功在于想象力 ········· 20
- 吃"垃圾"的鱼 ········· 21
- 铁匠的故事 ········· 22
- 心理专家的题目 ········· 24
- 费勃的船 ········· 25
- 被剪掉翅膀的天鹅 ········· 26
- 想象是创造之始 ········· 28

上帝帮我照相 ·········· 29
电话转接的由来 ·········· 29
国王与画家 ·········· 30

第三辑　学习是创新的金钥匙

雕塑大师周轻鼎 ·········· 35
动物是人类的老师 ·········· 36
读书破万卷，创新自然来 ·········· 38
长期积累才会灵机一动 ·········· 39
永远年轻的毕加索 ·········· 40
老猎人的经验 ·········· 41
刻苦努力才有创新 ·········· 42

第四辑　培养良好习惯，成就创新天才

恐惧是创新的敌人 ·········· 47
滑动的茶碗 ·········· 48
肯动脑子的华佗 ·········· 48
多留心，就会多成功 ·········· 49
要想创新就得冒险 ·········· 50
尝试是成功的第一步 ·········· 51
一切皆有可能 ·········· 52
不要被固有思维束缚 ·········· 53
观察胜过看 ·········· 54
大自然让思维更开阔 ·········· 55
对事物要有敏锐的洞察力 ·········· 56
善于向大自然发问的达尔文 ·········· 57
要有敢于一试的勇气 ·········· 58
兴趣是最好的老师 ·········· 59
要善于思考 ·········· 60

不要忽视小小的想法 ………………………………… 62
回收垃圾的女孩 …………………………………… 62
不要怀疑奇迹的存在 ………………………………… 64
珍妮·古多尔的冒险 ………………………………… 65

第五辑　瞬间灵感萌发无限创意

猪肉与汽车 ………………………………………… 71
第一条帆布工装裤 …………………………………… 71
不要小看每一个想法 ………………………………… 73
科尔斯的仿古家具 …………………………………… 73
做个"有心人" ……………………………………… 74
马斯楚与鬼针草 ……………………………………… 75
杰克的发明 ………………………………………… 76
灵感是长期思索的结果 ……………………………… 77
随时记录灵感 ………………………………………… 78
岛津源藏的专利 ……………………………………… 78
亨利·兰德的发明 …………………………………… 80
灵感可以"点石成金" ……………………………… 81
医院里迸发的灵感 …………………………………… 82

第六辑　从细节里发掘创意

弗莱明与青霉素 ……………………………………… 87
哈同的智慧 ………………………………………… 88
留心细节的罗兰德·希尔 …………………………… 89
小点子解决大问题 …………………………………… 90
如何防止方糖受潮 …………………………………… 91
从细节处抓住顾客的心 ……………………………… 92
留心生活中的创意 …………………………………… 93
机遇就在细节之中 …………………………………… 94

迪克森的绷带 ································· 95

　　亚当斯改进电池 ····························· 96

　　帕克的发现 ····································· 98

　　小事情里有大发现 ························· 98

第七辑　创新就是要敢于异想天开

　　国王的法令 ··································· 103

　　不要跟着别人走 ··························· 104

　　突破常规思维 ······························· 104

　　专为残疾人做服装 ······················· 106

　　十万支箭三日完成 ······················· 107

　　有创意的广告牌 ··························· 108

　　詹特斯的办法 ······························· 109

　　畏惧变化就不会有突破 ··············· 110

　　最优秀的推销主管 ······················· 112

　　聪明的画家 ··································· 113

　　勇敢离开的小鳄鱼 ······················· 114

　　要创新而不是模仿 ······················· 114

　　成功就是不断创新的过程 ··········· 116

　　牧师的儿子 ··································· 117

第八辑　神奇的创意，丰厚的回馈

　　小男孩的创业史 ··························· 121

　　药剂师的创意 ······························· 122

　　戈伊祖塔的新战略 ······················· 123

　　情侣苹果 ······································· 125

　　犹太父子的生意之道 ··················· 126

　　会看家的毒蛇 ······························· 127

　　精通生意之道的青年 ··················· 128

磨坊主的儿子	129
怎样画出最多的马	130
不断创新的兰德	130
笔的创新史	132
创新是企业的生命线	133
旅馆老板的智慧	134
白领的小册子	135
博览会的阁楼	136

第九辑 创新需要打破思维的定式

两家公司的不同策略	141
没有绝对的法则	142
农民的办法	143
冰红茶的产生	144
"独一居"的装饰	145
用创意提高竞争力	146
天堂的对话	148
摆脱奴役的猴子	149
工程师的办法	151
胖女人怎样变瘦	152
哥伦布的办法	153
巧除瘀血	154
老板的良苦用心	155

第十辑 创新需要换个角度看问题

市场无处不在	159
巧骂国会议员	159
本田宗一郎的企业智慧	160
反其道而行之的爱迪生	161

小村的致富之道 …………………………… 162
　　往锗里加杂质 ……………………………… 163
　　桑塔亚的智慧 ……………………………… 164
　　沃特的非常之举 …………………………… 165
　　从相反的方向解决问题 …………………… 166
　　向里还是向外 ……………………………… 167
　　出其不意的德军 …………………………… 167
　　聪明的小男孩 ……………………………… 168
　　走出水镜庄 ………………………………… 169

第十一辑　多动脑筋才能创新

　　农场主的智慧 ……………………………… 173
　　卢伊兹的专利 ……………………………… 173
　　乡下人与城里人 …………………………… 174
　　压力烹煮法 ………………………………… 175
　　父亲的办法 ………………………………… 176
　　思考带来创新，创新带来成功 …………… 177
　　聪明的年轻人 ……………………………… 178
　　电灯的发展史 ……………………………… 179
　　肯于动脑筋的刘星 ………………………… 181
　　笨重的房门也是发明 ……………………… 182
　　斯太菲克的创意 …………………………… 183
　　聪明的急救队员 …………………………… 185
　　苏堤的由来 ………………………………… 186
　　思索是创造的前提 ………………………… 186
　　勤思考才可能创新 ………………………… 188

第十二辑　让思维推进创新

　　贷款的犹太富豪 …………………………… 193

不断突破自我	194
逆向思维的威力	195
黑石子与白石子	196
借鉴带来的商机	197
简化思维也是一种创意	198
屎壳郎耕作机	199
让思维发散开来	200
整体思维与逆向思维	201
老人与踢足球的孩子	202
跳跃思维带来的答案	203
女歌唱家的点子	204
聪明的禄东赞	204
巧用系统思维	205
音乐里的移植思维	207

第十三辑　他山之石可以成创新之玉

戴娜的小店	211
条井正雄的饭店	212
如何将电线穿过管道	213
洛维格的"借术"	214
消毒外科学的诞生	215
往树洞里灌水	216
角荣的买卖智慧	217
洛克菲勒的馈赠	218
善动脑筋的彼得森	219
镜子的魔力	220
借用名人效应	221
乔治的经营之道	222

郭士纳拯救 IBM ·················· 223

第十四辑　创新让人生更精彩

　　给核桃分类的办法 ················ 229
　　聪明的徐文长 ···················· 230
　　洛列的致富之路 ·················· 231
　　尤伯罗斯的金牌 ·················· 233
　　沃特森的口号 ···················· 235
　　车票上印有唐诗的公交 ············ 236
　　乔治的高招 ······················ 237
　　交换刷墙的权利 ·················· 238
　　亨利的点子 ······················ 239
　　改革经营模式 ···················· 240
　　蜗牛爬行的问题 ·················· 241
　　常规思维与创新思维 ·············· 242

第一辑　创新的第一步是好奇

费曼的好奇心

在世界理论物理界享有崇高威望、参与著名的曼哈顿计划并以量子电动力学上的开拓性理论获得诺贝尔物理学奖的理查德·费曼,从小就对各种物理现象充满了好奇。11岁时就拥有了自己的"实验室"。当然那不过是地下室里的一个小角落,一个装上间隔板的旧木箱,一个电热盘,一个蓄电池,一个自制灯座等等。就是用这些简单的设备,费曼学会了电路的并联和串联,学会了如何让每个灯泡分到不同的电压。当自己可以控制一排灯泡渐次慢慢地亮起来,"那情形真是美极了!"

小费曼可真是顽皮到家了,他常常为自己的小伙伴表演魔术,一些利用化学原理的魔术,比如把酒变成水等等。他还和朋友发明了一套戏法。桌子放着一个本生灯,费曼先偷偷地把手放在水里,再浸到苯里面,然后好像不小心地扫过本生灯,一只手便烧起来。他赶快用另一只手去拍打已着火的手,结果两只手便都烧起来。(费曼告诉我们,手其实是不会痛的,因为苯烧得很快,而皮肤上的水有冷却作用。)他挥舞双手,边跑边叫:"起火啦!起火啦!"所有孩子都很紧张,全部跑出了房间,而他的表演也就结束了。

费曼的"实验室"其实更像是一个"儿童乐园",他的"实验"也只是一种游戏,但是,现代科学最基本的精神——实验精神,就在这些玩乐和游戏中得到了充分的展现。

一位传记作者了解到费曼顽皮的一面,不解地问道:"费曼先生,您小时候是那样的顽皮,在所谓的实验室里浪费了大量时间,您不觉得那时候是在做一些无用功吗?"

费曼幽默地说:"不是这样,不是的。您想若没有足够的无用功,小费曼怎样长大啊!"费曼告诉他,孩子时代的想象之旅、恶作剧、荒诞实验等,是诱发科学智慧的温床。

费曼孩童时代培养起来的好奇心和超人的想象力,在他步入中年之后终于破芽出土。什么新鲜、离奇的事和现象一旦落入费曼的眼帘,他就会像一只馋猫嗅到腥一样，穷追不舍。

有一个星期天，他坐在普林顿研究院的餐厅里，有些人玩耍，把一个餐碟丢到空中，碟子升起时，边飞边摆动，碟子边缘上的红色校徽也随之转来转去。闲坐的费曼开始计算碟子的运动。结果发现，当角度很小时，校徽转动的速度是摆动速度的两倍。他兴冲冲地跑去把他的发现告诉同事。同事不解地说："费曼，那很有趣吗？你为什么要研究它？"费曼只好老实回答："不为什么，我只是觉得好玩而已。"

这个回答不能代表所有科学家从事科学研究的动机，却能告诉我们，对我们生活的这个世界缺乏敏锐的关注和好奇，你就不会在科学研究上有什么出息。因为我们周围，没有一件事情是毫无意义的。

有着鹰一样眼光的费曼，用"好玩"搪塞过同事后，仍继续推算盘子转动的方程式，并进一步思索电子轨道在相对论状态下如何运动，接着就是量子电动学。一切都是那么毫不费力，一切看上去都毫无意义，可结果呢？费曼后来这样总结他的工作："结果却恰恰相反，后来我获得诺贝尔奖的原因——费曼图以及其他的研究——全都来自于那天我把眼光浪费在一个转动的餐碟上！"

在好奇中发现，在顽皮中实践，理查德·费曼就这样从科学顽童成长为科学巨匠。

小贴士

富于想象与好奇，并从细微的现象中追索本质，是一个生活有心人必须具备的习惯。只有具有想象力和好奇心的人，养成了追索本质的习惯，才会在不正常的事情中，找到通向成功的机会。只有好奇的人，才能不断地赋予生活新的含义，理解幸福的真谛。

母亲的呵斥

有一位母亲盼星星盼月亮般地盼自己的孩子能够成才。

一天，她带着五岁的孩子找到一位著名的化学家，想了解这位大人

物是如何踏上成才之路的。获悉来意后,化学家没有向她历数自己的奋斗经历和成才经验,而是要求她们随他一起去实验室。来到实验室,化学家将一瓶黄色的溶液放在孩子面前。

孩子好奇地看着它,显得既兴奋又不知所措,过了一会儿终于试探性地将手伸向瓶子。这时,孩子的背后传来了一声急切地断喝,母亲快步走到孩子旁边,孩子吓得赶忙缩回了手。

化学家哈哈笑了起来,对孩子的母亲说:"我已经回答你的问题了。"母亲疑惑地望了望化学家。化学家漫不经心地将自己的手放入溶液里,笑着说:"其实这不过是一杯染过色的水而已。你的一声呵斥虽出自本能,但也呵斥走了一个天才。"

小贴士

创新需要好奇,父母都爱自己的孩子,但如果因为爱而扼杀了孩子好奇心,可谓得不偿失。一个人要成功创新,必须具有质疑思维,只有多质疑、多发现不足之处,才能够有所创新。因此,多保护孩子那份好奇心吧,那是孩子质疑思维的花朵。

没有冒险就没有收获

一个少年家中长了一颗枣树,每年这棵枣树都会结出大而红的果实,他每年都盼望能将这些大红枣摘下来尝尝鲜。但是,少年的父亲对他说:"孩子,这树上的枣虽然又大又红,但是你千万不要贸然去采摘,因为这棵树很高,如果你爬上去的话,很容易摔下来,把腿摔断。"少年听父亲的话,年复一年看着红枣成熟,虽然馋得要命也不敢上树摘枣。

终于有一天,少年再也忍不住诱惑,趁父亲不在家,独自爬上了枣树,采摘了很多红枣,然后又飞快地爬下来,开始享受篮中的美味。他第一次尝到了这盼望已久的大红枣,那滋味真是美妙至极。

当他吃完了一篮的红枣之后,突然想起了父亲的嘱咐,他低下头,看了看自己完好的双腿,又用手摸了摸,果真是完好无损啊!他开始为自己的成功庆幸，从此，他懂得了一个道理：没有冒险精神，就不会有伟大的收获。

小贴士

每个孩子都有他的好奇心，这本来是人的天性，但是很多大人往往以危害等理由阻止孩子去探明答案，从而使他们养成畏首畏尾、不敢冒险的习惯，这不能不说是一种失策。

富安的创意

现在的水壶盖子都有个小孔，但以前水壶盖子上是没有孔的。这个小孔的发明还应该从日本一个平凡人的好奇心说起。

日本横滨市居民富安宏雄因身体不适躺在床上辗转难眠。他很想睡觉，不愿意再想令人不快的事情。但因经济情况每况愈下，他心情烦躁，难以入眠。床边的火炉烧着开水，被缕缕白色水汽冲着的水壶盖子不停地"吧嗒吧嗒"地响着，好像故意打扰他。

气恼之下，富安拿起床头柜上的锥子用力向水壶掷去，不曾想，那锥子刺中了水壶的盖子，定定地立在壶盖上，没有滑落下去。奇怪的是，水壶"吧嗒吧嗒"的声音立时停了下来。富安感到很惊异，顿时睡意全无。

充满好奇心的富安这时不想睡了，他觉得一切的苦恼和混乱都消失了，好奇心让他开始在床上大动脑筋。他亲自做了好多次试验，最终证实有个小孔的盖子在水开了的时候就不会发出声音。

他的生活不再乏味，身体也不再感觉到病痛，对生活的希望又再度复苏了。他想："我要把这项新创意好好利用，尽量让它开花结果才行！"他拖着病躯奔走了一个多月，终于明治制壶公司以两千日元买下了他的专利。当时的两千日元，相当于现在的一亿日元。

小贴士

碰到这种事的不止富安一人，但他却是唯一一个没有错过机遇的人。

在别人看来很正常的现象，富安却产生了好奇心，虽然他被病魔缠身，但一点也没有影响到他的智慧。强烈的好奇心让他发现并抓住了这个难得的机遇。

好运气来自好奇

很小的时候，哥白尼就对天体的运行以及日食、月食等现象十分好奇，这使他对天体学产生了浓厚兴趣。他花了30多年的时间，建立了太阳中心说，从而揭开了近代科学的序幕。被誉为"星学之王"的丹麦宫廷天文学家第谷，从小就对天象好奇，一生以观测天象著称于世。1597年的一个夜晚，他发现了一颗新星，立即对之进行跟踪观察，并且连续18个月记录这颗新星的亮度变化，为后来发现行星运动三大定律留下了宝贵的天文资料。

19世纪中叶，一些化学家们在实验过程中，偶然获得了很多新元素，其中不少都借助了好奇心的作用。当时，有一位名叫西特洛迈耶尔的药房总检查员，在许多药房里看到通常呈白色的硫酸锌因为受热而变黑。这到底是为什么呢？好奇心驱使他进一步思索。他把这些变黑的硫酸锌经过几次分离，竟然意外地得到了一种新的元素，这就是元素镉。

江西有个名叫沈梅的女青年，一天傍晚突然发现路边的河面上有块露出的石头，发出如同星星一样的点点光亮。好奇心使她往石头上浇了几次水，石头上的亮光不见了，但石头上却嵌着许多淡紫色、透明、有玻璃光泽的东西。于是她取了几块石头带回家。当石头不小心碰到火苗时，竟然发出了"噼噼啪啪"的爆炸声，火花四溅，这又一次引起了她的好奇。她觉得这石头不是普通的石块，因此她拿着石头到地质队化验了一下，结果确认是萤石。不久之后，地质队就在离河不远的山里找到了一个萤石矿。

小贴士

好奇者才能有"奇缘"，世上的事，只要你保持一颗好奇的心，别总是说"少见多怪",你就可能发现"奇迹",与"奇迹"结缘。

好奇心激发创新力

"飞机大王"霍华德·休斯,1905年12月24日生于美国得克萨斯州休斯敦市。

他的父亲是一位精明的商人,母亲亚莉湟是法国人,是得克萨斯州地方领事的女儿。

休斯虽然是个天才,但童年时并未显露出灿烂的光辉。他性格孤僻,喜欢独自玩耍,见人非常害羞,又极其厌恶上学读书。

但他绝不是对什么都不感兴趣的孩子,对于各种机械,他是样样着迷。家中有一只钟表,他感到新奇、神秘,他把各种零件一个个拆下来,再一一重新组装。一次一次,反反复复,他是那样入迷,那样专心致志。

一辆普普通通的自行车,骑上去用脚一蹬,轮子悠悠地转着,人们都司空见惯,习以为常。可是休斯对此却产生了奇妙的联想:干吗一定要用双脚来蹬,还费那么大的劲?如果在车架上装上电池,改装成电动脚蹬车该多好;尤其在顶风或上坡时,还省力得多。于是他独自考虑、反复试验,终于研究出一辆电动脚蹬车。从此他的名字不胫而走,家喻户晓。

他还制作了装有收音机的发报机。

休斯成年后,成了美国的"飞机大王"。他的一生充分发挥了个人的才智,在人生的史册上写下了辉煌的篇章。他也曾在电影事业上一展宏图,他新拍摄的影片获得了奥斯卡金奖。但他的最大成就是在航空事业上。

1936年,他驾着飞机,从洛杉矶到华盛顿连续飞行9小时27分钟10秒,创下了横越美洲大陆、不着陆飞行的世界纪录。第二年,又以7小时28分钟25秒的成绩,刷新了前一纪录,并一直保持了7年之久。

1938年,他又以3天19小时17分钟的成绩,创下了飞行世界一周的纪录。

小贴士

休斯一生中，能在几个大的方面都取得显赫的成就，和他自始至终对一切都充满好奇心是分不开的。一个没有好奇心的人是被动的人，有了好奇心就会激发自己去行动，在行动过程中创新就实现了。

补鞋匠的纸条

故事发生在18世纪的瑞士北部城市巴塞尔。

这个城里有个补鞋匠，在街角搭了个棚子，每天在那里为人们补鞋，一连干了好多年。时间久了，棚子的檐下有了一只小巧玲珑的燕巢，那是一只雌燕筑的。每天，燕子飞来飞去，跟补鞋匠混得很熟。可是到了每年秋后，那燕子总要飞到老远的地方去，直到第二年春天才会翩翩飞来。

"燕子究竟飞到哪里去了呢？"有一年，在接近深秋的一天，补鞋匠向住在不远处的一个老学者讨教这个问题。

老学者认真地说："2100年前的古希腊哲学家亚里士多德曾下过一个结论：家燕是在沼泽地带的冰下过冬的。多少年来人们一直把这个结论当作真理。可是在我们生活的这个时代，有个叫布丰的科学工作者，捉了五只燕子放到冰窖里，结果它们全冻死了，就对亚里士多德的结论提出了质疑。"

补鞋匠说："老先生，您说了半天，还没有回答我的问题：这燕子到底去什么地方过冬？"

老学者摆摆手，耸耸肩，说："我的回答只能是四个字——走向不明。"

补鞋匠回到家里，头脑里老是盘旋着燕子到哪里去过冬的问题。他忽然想到一个主意："既然燕子每年都准时飞回来，那么它的去向也一定是比较固定的吧！"他灵机一动，写了这么一张纸条："燕子，你是那样忠诚，请你告诉我，你在什么地方过冬？"写完后，把纸条缚在燕子的腿上。

几天后，补鞋匠手搭凉棚，一直目送那只可爱的燕子在白云下消失。一天、二天、三天……日子一天天过去了，燕子没有回来。

补鞋匠盼啊盼啊，好不容易把冬天打发走了，把春天迎回来了！

一天，那只燕子又欢快地飞回来了，只见它腿上缚了一张新的纸条，上写："它在雅典，安托万家过冬，你为什么刨根问底打听这事？"

补鞋匠把这张纸条交给那个老学者看，老学者眯缝着眼睛看了好一会儿，惭愧地说："我还不如一个补鞋匠呢！"后来，老学者把这事写进了书里。

此后，人们开始给燕子记标放飞，逐渐弄清了燕子的迁徙规律和路途。

小贴士

很多人都对燕子去哪里过冬这个问题毫不感兴趣，但故事主人公这位充满好奇心的人抱着试一试的念头要找到燕子的去处，却发现了一个意外的惊喜。一个人能否创新的关键并不在于你懂得的知识有多少，而在于你是否对事物充满好奇心。

祖师爷的智慧

大家都知道鲁班发明锯的故事吧。

传说，有一年鲁班接受了一项很大的任务——建筑一座大宫殿。这需要很多木料，工程期限很紧。鲁班的徒弟们每天都上山砍伐木材，但是当时还没有锯子，只有用斧子砍，效率实在是太低了。徒弟们每天累得精疲力竭，可是木料还是远远不够，工程进展得很缓慢。

完成不了任务是要受重罚的，鲁班心里非常着急，就亲自上山察看。上山的时候，他偶尔拉了一把长在山上的一种野草，一下子把手就给划破了。

鲁班很奇怪，小小的一根草为什么这样锋利？他把草折下来细心观察，发现草的两边都长有许多小细齿，他的手就是被这些小齿划破的。

既然小草的齿可以划破我的手,那带有很多小齿的铁条应该可以锯断大树吧?

于是,在铁匠的帮助下,鲁班做出了世界上的第一把锯——一条带有许多小齿的铁条。他用这把简陋的锯去锯树,果然又快又省力,锯就这样发明了。宫殿也很快就建成了。

也许大家都不知道,弹墨线用的小钩又被称为"班母",刨木料时顶住木头的卡口又叫作"班妻",这是为什么呢?原来,鲁班的母亲和妻子也都从事生产劳动,并对鲁班有很大的帮助。据说"班母"的由来是这样的:鲁班做木工活、用墨斗放线的时候,原来是由他母亲拉住墨线头的。后来鲁班想,不能老是让母亲给自己拉线呀,得想个办法才行。后来经过多次试验,母子俩在墨线头上拴了一个小钩,放线的时候,用小钩钩住木料的一端,就可以代替手拉线,一个人操作就行了。从此,鲁班弹墨线不用再请母亲帮忙了。后世木工便把这个小钩取名为"班母",以纪念这个创造。"班妻"的由来是这样的:传说是因为鲁班刨木料起初是由他的妻子扶着木料,后来才改用卡口的缘故。

小贴士

鲁班是木工的祖师爷,果然名不虚传,他一生中用自己灵巧的双手发明了许多非常有用的物品。很多人都认为是不是鲁班天生就是个天才,其实不然,他也和平常人一样,只不过他有一颗好奇的心和一个善于思考的大脑。任何想要有所创新的人,都应该向鲁班拜师。

盛田昭夫创办索尼

盛田昭夫出生在日本一个古老的清酒酿造家庭。他的曾祖父、祖父以及父亲都经营酿酒生意,但盛田昭夫却从小对电子产品产生了兴趣,他很喜欢摆弄家里那台老式留声机。上学后他迷上了电子技术,尤其是音响技术,而对流溢酒香的祖业却非常淡漠。他自己购买了电子知识方面的书,订购了外国杂志,并按《无线电和实用》上的图表制作电器,竟然制作出一部粗糙的电唱机、一部无线电接收器和一张有自己声音的唱片。他把课余时间全花在了自己的爱好上，以致于影响了学业，成了学校里出名的差等生，甚至差点因成绩不及格而退学。初中的最后一年，他不得不暂时抛开业余爱好，为考入高中理工部而苦读，但结果仍不理想，最后被列为成绩最低一等的毕业生。幸运的是，第八高中理工部还是接受了他。

进入高中第三年他选择了自己最擅长的物理专业，服部学顺老师非常关心他，在临近毕业的最后一个假日，服部学顺老师把他介绍给享誉应用物理学领域的浅田常三郎教授。就这样，盛田昭夫终于考上了大阪帝国大学理工系，攻读他所喜欢的物理学。儿子虽然抛弃了家传的酿酒业，却也没让父亲失望，他用从父亲那儿学来的创业精神和在大学里学到的物理知识，为盛田家族在电气工业领域开辟了一片新天地。

1946年，盛田昭夫与好友井深大一起创办了一家公司。他先是说服父亲允许他放弃家族事业，另创新事业，接着向父亲告贷500美元用于注册。在克服了重重困难后，一家全新的合伙公司——东京通信工业公司正式宣告成立。

新公司成立时，包括盛田昭夫与井深大在内只有二十人，人手虽少，但很精干，其中有十六人大学毕业。尽管当时条件相当简陋，但两位创业者从一开始就认定新公司的理念是革新，新公司将是制造高科技新产品的智慧型公司。他们决心做别人没有做过的事情，为此拒绝了制造收音机、留声机等建议，而把目光盯在生产一种日本前所未有的产品——钢丝录音机上。由于他们需用的特种钢丝不易获得，新产品的开发工作一度停止。1949年井深大前往日本广播公司办事，无意中发现了一台美国产的磁带录音机，磁带录音机比钢丝录音机更先进，他们于是决定放弃正在进行的试验，立即上马这个新项目。1950年，公司研制出了日本第一台磁带录音机，尽管又笨又大，但效果不错。接着，公司又开始生产外形更加诱人的手提录音机。随着公司产品质量的不断提高，信誉也直线上升，生意越做越大。

20世纪50年代初，晶体管生产技术在美国已逐渐成熟，盛田昭夫与井深大都极其向往。1953年，盛田昭夫专程赴美，进行购买晶体管生产专利的谈判。美国西方电器公司同意以2.5万美元的价格出售这项专利，

第一辑　创新的第一步是好奇

盛田昭夫当即拍板成交。获得专利后，公司决定将晶体管运用于收音机，扩大它的用途。经过几个月的奋战，终于在1955年成功研制出了世界上第一台晶体管收音机。由于体积小、性能好，新产品一经问世便轰动了日本，也震惊了出售专利的美国人。仅1955年一年，公司晶体管收音机的销售额就达到250万美元，是专利购买费用的整整一百倍。这次成功使他们的公司在国内外名声大振，进而开始跻身于日本电子行业公司的行列。

盛田昭夫在出国考察时就发现，公司的全称"东京通信工业公司"既拗口，又不适合标在商品上，于是他绞尽脑汁，查阅各种词典，终于为公司取了一个合适的名字"Sonny"。

时至今日，索尼公司已经以"Sonny"的响亮品牌，与美国通用电气、德国西门子、荷兰菲利浦等一流的大企业在全球范围内并驾齐驱。

小贴士

好奇心是产生创意的基础，有了好奇心才会有探索的欲望，有了欲望才会有创新，这是盛田昭夫给予我们的启示。拥有了好奇心，你就拥有了成功创新的一个先决条件。

孩子的好奇心

有一次，小约翰竟然把一块金表给拆开了，要知道这块表是爷爷留下来的遗物。父亲一直十分珍惜，总是带在怀里，从不离身。不久前他还说表出了点故障，必须拿去修理，哪知被他这个调皮的儿子给翻了出来。现在这表被大卸八块，零件散落了一地。父亲见了立即暴跳如雷，一耳光将儿子扇坐在地。

一个牧师经过这里，赶忙上前制止。父亲跺着脚说："你还护着他！你看他把我的表弄成什么样子了。"

"他是弄坏了表。但是你要知道，是一块表重要还是自己的孩子重要。"

这时，儿子抽抽咽咽地说："我没弄坏表……我……我只是想要拆开，看看它哪儿出毛病了……"

牧师继续对孩子父亲说："不管孩子是修表还是拆表，你都不应该打他，恐怕又一个'爱迪生'就这样被你给'扼杀'了。"

父亲愣了一下："真有这么严重吗？"

"就算孩子拆坏了金表，他也只是想知道金表里到底有什么，这是一种好奇心，这是有求知欲和想象力的表现，也是一种创造。如果你是一个明智的父亲，就不应该打孩子，而应该解放孩子的双手，要给孩子提供从小就能够动手的机会。"

小贴士

谁也不是真正创造力的主宰，人人都应当让真正的创造力去独立发展。猎奇心理能发现成功，创造成功，收获成功。我们需要营造一个自由的天地，静谧的空间，不受束缚地思考，海阔天空地思考，持之以恒地思考，这样成功的闪光必将会降临到你的身边。要提倡自由思考，鼓励大胆的想法，创造的火花说不定就孕育其中。

埃坦的地图

以前，人们往往把一种怪物作为符号标在海图上，以警示水手这是一块未知的危险海域。许多水手小心翼翼地看着这张图，唯恐误入。

人的头脑里一旦有一张这样的海图，"为什么"就不会诞生了。

孩子们之所以提出许多"为什么"，就是因为他们没见过什么"海图"。美国有位名叫埃坦·斯坦菲尔德的小男孩，有一天，他好奇地问叔叔："以色列国在什么地方？"叔叔打开地图告诉他以色列的位置。见到地图，小埃坦眼睛一亮。原来，小埃坦看到地图上的国家就像一幅幅栩栩如生的画。

埃坦抱怨：为什么不把地图画得更好看一些？他对叔叔说："你瞧，喀麦隆就好比一只摆姿势照相的大袋鼠；厄玄特里亚活像一棵树；葡萄牙和西班牙,就如同一个有着西班牙发型的妇女头像。"

埃坦在说到突尼斯的时候,小埃坦用笔在其东、西部边界各画了道半圆形圈,问叔叔像不像一个人的膝盖。

埃坦的叔叔意识到这一发现不同寻常,他马上建议共同编制《世界青少年地图集》,借助小埃坦的奇妙发现和想象,给各个国家的地图设计有趣的象征物,让世界地图变得有趣和好记。4年后,他们的《世界青少年地图集》在全美发行,引起了极大的轰动。

小贴士

当我们降生到这个文明世界的时候,我们便产生了一个错误:似乎一切都太完美了,我们没什么可干的了。于是,我们没有了"为什么"。

其实,完全不是这样。

只要你丢掉心中的"海图",换一个角度,换一种眼光,"为什么"就会在你的脑海里跳舞。

第二辑　想象力是创新的源泉

打开想象力的闸门

比佛是英国吉尼斯啤酒厂的总经理,他喜欢在假期约朋友一起打猎。他对自己的枪法十分满意,经常在朋友面前吹嘘,说自己可以打到任何猎物。

有一次,他们发现一种鸟飞得特别快,朋友们就和比佛打赌,看他能否射中这种鸟。结果比佛一只也没打中,朋友借此对他的枪法大加嘲弄。比佛认为这不是他的枪法不好,而是这种鸟飞得实在太快了。但朋友们却不这样认为。激烈的争执之下,比佛开始认真了,他认定那种鸟是世界上飞行最快的鸟。

为了证明自己的说法是正确的,比佛在打猎回来之后,就找出了《百科知识》之类的书进行查阅,他想通过书上的记载让朋友心服口服。但比佛耗费了大量时间,却没有得到任何有价值的资料,没有一本书提及鸟儿飞行速度的问题。比佛很失望,他没有找到证据证明自己的说法是正确的。

比佛灵感突发,他想,既然世界上没有一本书记载鸟儿的飞行速度,为什么自己不编一本这样的书呢?

他通过朋友介绍,聘请了两位孪生兄弟担任编辑。一年后,他们编出第一本样书,比佛把它取名为《吉尼斯世界纪录大全》。这本书一上市就受到读者的欢迎,自它面世以来,平均每年出一版,被翻译成23种文字,发行量达到4000万册,成为世界上最畅销的书。

五十多年后,当年的吉尼斯啤酒厂已不知踪迹,但那本为了证明自己枪法好而诞生的《吉尼斯世界纪录大全》却依然存在,它创造的财富足以办起几十家吉尼斯啤酒厂。

小贴士

生活中处处都会遇到难题,它是在提醒我们学会思考和创新,唯有如此,才能把握生活的机遇。如果你想成功,必须打开想象力的闸门。

成功在于想象力

小牧童裘斯是美国加利福尼亚州人,由于他有着非凡的智慧,善于思考,发明了铁蒺藜,后来成为世界著名的大企业家。

小牧童裘斯的工作就是每天早晨从羊舍里把羊赶出来,让它们吃草,更重要的是还要监视羊群不要越过铁丝的界限到邻家的菜圃里吃菜。牧羊场与菜圃的交界处有六条铁丝做成的栅栏,约50米;另外大约有20米是以本来就有的玫瑰花丛来隔离的。

羊群安静吃草时,小裘斯闲着没事,就拿出一本书来读,或者在那里呆想:"我的朋友们都上中学快毕业了,将来有的做官,有的做企业家,有人做学者,穿着漂亮的衣服,提着皮包,而我呢……"有一天,他在忧伤中不知不觉睡着了。结果菜圃被羊吃得一塌糊涂,他也遭到老板一阵臭骂。

这件事发生之后,他经常想:"怎样做才能使羊绝对无法越过栅栏呢?"当他看到羊从来不穿越玫瑰的花丛时,突然领悟:"是玫瑰花浑身的刺挡住了羊,羊怕刺。"

悟出了这番道理,他高兴极了。几天之后,聪明的裘斯终于想出了绝招:把铁丝用老虎钳剪成3厘米左右的一段,再把它缠到铁丝上做个刺。铁丝上缠满了这样的刺儿,羊就不敢闯过去了。不到5天,他就把全部栅栏加工完毕。

第二天,他悄悄地躲在一边观察羊群的动静,羊很驯服,也很机灵,它们一看裘斯不在,马上就成群结队奔往铁丝栅栏。当它们要穿过去时,却被铁蒺藜挡住了,有的还被刺伤。它们一时都被吓住了,无可奈何地伫立在那儿哀叫。

"成功了!"裘斯高兴地拍手跳起来。

"这个铁丝刺儿一定会受到人们欢迎,那时候我就不再是个牧童了。"他的上进心很强,不甘心永远当一个牧羊人,他想做一个企业家。

旁边的牧场主看到了铁蒺藜的妙用,受到启发,这不用牧童看守的铁丝刺栅栏太理想了,他们也跟着用铁丝刺围起来。

第二辑 想象力是创新的源泉

裘斯看到这个事实后，立即向有关部门申请专利，半年后，他所申请的专利批下来了，裘斯便与主人合作制造。由于铁蒺藜很有用场，他又懂得如何去推销，因此销路非常好。于是裘斯又雇来技师进一步研究，把手工制造改用机械大批量生产。裘斯的这项发明，受到社会各方面的欢迎。家庭、学校、工厂、公司都竞相使用铁蒺藜做篱笆，军方也用它设置障碍，大量的订货单如雪片般飞来了。随后世界各地也相继使用。

世界各地的用户来势汹涌，订货数量庞大得惊人，他的工厂供不应求，无法应付。他又想了一个办法，允许各地的厂商自己来制造，但每制造1000米，他收取1美元的专利费。

17年的专利期限终了时，他的财产之多实在惊人，终于圆了当一名世界级的大企业家的梦想。

小贴士

裘斯的故事说明了这样一个道理，一个人成功与否不在于你有没有上过学，而在于你是否具有想象力。

缺乏想象力的人，往往只看到视野范围之内的事物，而对身体感官所能触及的范围以外的时空和事物，在理解上往往有障碍。缺乏想象力会导致对自然界、对事物本质的理解发生困难。总之，想象是创新的先导，是智慧的翅膀。想象力是人类特有的天赋，是一切创新活动最伟大的源泉，也是人类进步的主要动力。有了想象力，就有可能像裘斯一样取得成功，而如果你没有想象力，你就有可能平庸一生。

吃"垃圾"的鱼

"有一条鱼整天浮在水面上，不吃食物，专门吃垃圾，你信不信？"11岁上海女孩的这个构想看起来有点天方夜谭，却因此而获得了2000年中威杯上海少先队科学创意金点子比赛一等奖。

这条名字为"会吃垃圾的机器鱼"，是上海市杨浦区小学四年级的蒋天羽小朋友发明的。一天，她路过苏州河时，看到水面上漂着不少零星的垃圾，感觉有点美中不足。她想，如果有一条鱼整天在水上吃垃圾，水面就会清洁多了。

经过几个月的实验，蒋天羽设计出了世界上独一无二的"鱼"：这条机器鱼背部装有太阳能电池板，能带动鱼体内的电动水泵，水泵把水从嘴中吸进，从鱼尾部吐出，使鱼自动在水中游动起来。当鱼不动时，说明它肚内的垃圾已经吃饱。

无独有偶。曹迦同学也和蒋天羽一样，在生活中也是个"有心人"。他的作品——活动多排橱，荣获上海市优秀发明选拔赛一等奖。

他平时挺喜欢对某事物提出自己的看法和点子，他发现现有的书橱大都是单排的，有45～55厘米厚。书的宽度一般为15～20厘米。但如果做两排，里面的一排书就很难找到；如果放一排书，又浪费空间。为了不浪费空间又存取方便，他想到了把书橱设计为多排的，每排的厚度与书的厚度相配，除了最里面的一排是固定的外，其余的各排都做成能左右移动的小单柜，在小单柜的上下都装有轮子和导轨，这样移动起来就很轻巧了。为移动需要，每排都必须留一个单柜的空间。为了不浪费空间，他在最外面的一排边上，做一个像门那样可以向外打开的门柜，当这个门柜打开时，和它同排的单柜就可以左右移动了。如果关上了这个门柜也就等于关上整个书橱。他认为这个书橱的原理也同样适用于衣柜等，它能够放置四季的不同衣服，当令的衣服放在外排，换季衣服放在里排，分门别类，存取方便。

小贴士

在人类的所有才能中，与神最接近的就是想象力。想象是创意的一种深度，正如法国作家雨果所说："没有一种精神机能比想象更能自我深化、更能深入对象。"想象力概括着世界上的一切，推动着进步，并且是思维进化的源泉，只有海阔天空地想，创意才会源源不断地来。

铁匠的故事

一块铁摆在铁匠铺里，好几个匠人都看上了它。

第一个人是个铁匠,他没有提高技艺的雄心壮志,他觉得这个铁块的最佳用途莫过于把它制成马掌,他为此自鸣得意。

他认为这个铁块本身只值七八元钱,所以不值得花太多时间和精力去加工它。他强健的肌肉和精湛的技术已经把这块铁的价值从七八元提高到八十元了。

这时,来了一个磨刀匠,他受过一点更好的训练,有更大一点的雄心和更高一点的眼光。他对铁匠说:"这就是你在那块铁里见到的一切吗?给我一块铁,我来告诉你,头脑、技艺和辛劳能把它变成什么。"

于是,铁被熔掉,炼成钢,然后被取出来,经过锻冶,被加热到白热状态,然后投入到冷水或石油中以增强韧度,最后被细致耐心地进行压磨抛光。当这项工作完成,磨刀匠竟然制成了价值两千元的刀片,这让那个铁匠惊讶万分。

"如果你做不出更好的产品,那么能做成刀片也已经相当不错了。"第三个工匠看了磨刀匠的出色成果后说:"但是这块铁的价值你连一半都还没挖出来,我知道它还有更好的用途。我研究过铁,知道它里面藏着什么,知道能用它做出什么来。"

这个匠人的技艺更精湛,眼光也更独到,他受过更好的训练,有更高的理想和更卓绝的意志力,他能更深入地看到这块铁的分子——不再局限于马掌和刀片——他用显微镜般精确的双眼把生铁变成了最精致的绣花针。制作肉眼看不见的针头需要比磨刀匠有更精细的工序和更高超的技艺。

最后这位工匠认为他的成果精彩绝伦。他已经使磨刀匠的产品的价值翻了数倍,他认为他已经榨尽了这块铁的价值。

但是,看啊!又来了一个技艺更高的超级工匠,他的头脑更发达,手艺更精湛,更有耐心,受过顶级训练,他竟然制出了精细的钟表发条。别人只看到价值仅几千元的刀片或绣花针的地方,他那双犀利的眼睛看到了价值十万元的产品。

然而,故事还没有结束,又一个更出色的工匠出现了。

在他眼里,即使钟表发条也称不上上乘之作。他知道用这种生铁可以制成一种弹性物质,这是一般粗通冶金学的人无能为力的。他知道,如果锻铁时再细心些,它就不再坚硬锋利,而会变成一种特殊的金属,富含许多新的品质,正如一个人充满了生命力。

于是，他采用了许多精加工和细致锻冶的工序，成功地把他的产品变成了几乎看不见的精细的游丝线圈。

一番艰辛劳苦之后，他梦想成真，把仅值十几元的铁块变成了价值一百万元的产品，比同样重量的黄金还要昂贵得多。

但是，还有一个工人，他的工艺精妙得可算登峰造极，他的产品鲜为人知，他的技艺也从未被任何字典和百科全书的编纂者提及过。

他拿来一块钢，精雕细刻之下所呈现出的东西使钟表发条和游丝线圈都黯然失色。

他的工作完成之后，出现了牙医常用来勾出最细微牙神经的精致勾状物。同样重量的这种柔细带勾的钢丝要比黄金昂贵几百倍。

小贴士

如果没有想象力，一个人不论多么坚强，多么敏锐，都不会取得成功。

想象作为形象思维的一种基本方法，不仅能构想出未曾知觉过的形象，而且还能创造出未曾存在的事物形象，因此是任何创新都不可缺的基本要求。没有想象力，一般思维就难以升华为创新思维，也就不可能有所创新。

心理专家的题目

几年前，一位美国教育心理专家曾给上海的孩子出了一道题目：一艘船上有86头牛，34只羊，问："这艘船的船长年纪有多大？"结果有90%的学生给出的答案是：86－34＝52岁。

10%的学生认为此题非常荒谬，无法解答。当然，这10%的同学是答对了。

美国专家在对这90%的同学调查后发现，他们之所以会做出答案来，是因为觉得"老师出的题总是对的，不可能不能做"，"老师平时教育我们题目做了才能得分，不做的话一分也没有"。

美国专家感叹：中国学生很听老师的话，因为同一道题在法国小学做试验时，超过90%的同学提出异议，甚至嘲笑老师的"糊涂"。

小贴士

创造力必须要在一个自由开放的空间才能茁壮成长，因为创造需要提出"为什么"，在一个被教条法规绑得死死的环境里是不可能自由发挥潜力的。这个故事用形象的语言给予我们以深刻的哲理。

费勃的船

1910年3月28日，阳光灿烂，风平浪静，海边站满了看热闹的大人和孩子，甚至连马赛市的一些官员都赶来了，围在海堤上，目不转睛地盯着停泊在大海上的一艘特殊的"船。

"真奇怪呀，瞧，船身下面还有长长的浮筒呢！"

"这哪是什么船哟，分明是拖着浮筒的飞机。"

围观的人群中有人小声地议论着。

驾驶这条船的是名叫费勃的人。他向观众们自信地笑了笑，然后启动了发动机，随着一阵轰鸣声，船就像离弦的箭向前飞奔起来，水面上顿时划出了一道耀眼的水波，像空中一闪而过的闪电。

"啊，成功啦！"

"飞起来啦，飞起来啦！"

人们惊呼着，岸上响起了欢庆的掌声！

费勃驾驶的船终于成了能够飞上天的船！他的船以每小时60公里的速度直线飞行，在空中飞行了500米左右，成了人类第一艘能够飞上天的船，或者说是第一架能够从水面上起飞的飞机！

那么，费勃是怎样设计制造出这样奇妙的船的呢？

1882年，费勃出生在地中海边的法国马赛市，爸爸是一位造船师。有一天，小费勃跟着爸爸来到海边玩，看到远处的大海上驶来了一条船，便好奇地说："爸爸，船为什么能在水里跑呀？"

"船下有螺旋桨,能够划动水,水动了,就把船推走啦。"爸爸乐呵呵地说。

"有没有在天上飞的船呢?"小费勃好像要打破砂锅问到底。

"傻孩子,那就不叫船啦,应该叫飞机才对。不过,飞机只能在天上飞,不能在水上跑。"

"嘿!长大了,我一定要造一艘能飞到天上的船。"小费勃握紧了拳头。

"好啊,有出息,现在好好学习,将来才能实现这个美好的愿望!"爸爸欣慰地拍了拍小费勃的肩头。

转眼到了1905年,23岁的费勃先后完成了工程学、流体学、空气动力学等学科的学习,真正开始了飞船的制造。经过4年的努力,他造出了第一艘水上"飞船",其实就是在一般的飞机下安装3个浮筒,使飞机能浮起来,但是无法飞起来。直到1909年,他才造出一艘与众不同的"船":机身前面是一个浮筒,机翼下面还有两个浮筒;机翼安装在机身的后面。整个"船"的构架是木头做成的,浮筒是胶合板制成的,整个"船儿"既轻巧又灵便。

费勃的"飞船"试飞成功后的第二年,即1911年的3月,在摩纳哥举行的船舶展览会上,他驾驶着自己制造的船进行水上飞行表演,再获成功。现在,科学家对费勃设计的水上飞船进行了改进,把机身改成了船形,取消了浮筒,成了真正的"飞船"。

小贴士

在生活和学习的过程之中,知识的贫穷并不可怕,可怕的是想象力的贫乏。可以这样说,人的一切发明与创造都源于想象力。充分展开你的想象,才能够有与众不同的想法,才能有与众不同的收获。

被剪掉翅膀的天鹅

一天,美国内华达州一个叫伊迪丝的3岁小女孩告诉妈妈,她认识礼品盒上"OPE"的第一个字母"O"。这位妈妈非常吃惊,问她怎么认

识的。伊迪丝说："是薇拉小姐教的。"

这位母亲表扬了女儿之后，一纸诉状把薇拉小姐所在的劳拉三世幼儿园告上了法庭，理由是该幼儿园剥夺了伊迪丝的想象力。因为她的女儿在认识"O"之前，能把"O"说成苹果、太阳、足球、鸟蛋之类的圆形东西，然而自从劳拉三世幼儿园教她识读了26个字母，伊迪丝便失去了这种能力，她要求该幼儿园对这种后果负责，赔偿伊迪丝精神伤残费1000万美元。

诉状递上之后，在当地立刻引起轩然大波。劳拉三世幼儿园认为这位母亲疯了，一些家长也认为她有点小题大做，她的律师也不赞同她的做法，认为打这场官司是浪费精力。然而，这位母亲却坚持要把这场官司打下去，哪怕倾家荡产。

三个月后，此案在内华达州立法院开庭。最后的结果出人预料，劳拉三世幼儿园败诉，因为陪审团的23名成员被这位母亲在辩护时讲的一个故事感动了。

她说：我曾到东方某个国家旅行，在一家公园里见过两只天鹅，一只被剪去了左边的翅膀，一只完好无损。剪去翅膀的被放养在较大的一片水塘里，完好的一只被放养在一片较小的水塘里。当时我非常不解，就请教那里的管理人员。他们说，这样能防止它们逃跑。我问为什么，他们解释，剪去一边翅膀的无法保持身体平衡，飞起后就会掉下来；在小水塘里的，虽然没被剪去翅膀，但起飞时会因没有必要的滑翔路程，而老实地待在水里。当时我非常震惊，震惊于东方人的聪明。可是我又感到非常悲哀，为两只天鹅感到悲哀。今天，我为我女儿的事来打这场官司，是因为我感到伊迪丝变成了劳拉三世幼儿园的一只天鹅。他们剪掉了伊迪丝的一只翅膀。一只幻想的翅膀，人们早早地就把她投进了那片小水塘，那片只有ABC的小水塘。

这段辩护词后来成了内华达州修改《公民教育保护法》的依据。现在美国《公民权法》规定，幼儿在学校拥有两项权利：玩的权利，问为什么的权利。

小贴士

伊迪丝的妈妈为了女儿发挥想象的权力，敢于站出来去打一场官司，在我们看来是一件不可思议的事情；而法院竟然判原告胜诉，对我们来说简直不可理喻了。从中我们也看到一种差距，一种让人震惊的差距：人们对想象力漠然视之，对扼杀想象力的行为更是熟视无睹。只有尊重想象力善待想象力，孩子们的世界才会更精彩，未来才会更灿烂。

想象是创造之始

　　在美国加州海岸的一个城市中，所有适合建筑的土地都已被开发出来，并予以利用。城市的另一边是一些陡峭的小山，无法作为建筑用地；而另外一边的土地也不适合盖房子，因为地势太低，每天海水涨潮时，那里总会被淹没一次。

　　一位具有想象力的人来到了这座城市。

　　具有想象力的人，往往具有敏锐的观察力，这个人也不例外。

　　在到达的第一天，他立刻看出了这些土地赚钱的可能性。他先预购了那些因为山势太陡而无法使用的山坡地。他还预购了那些每天都要被海水淹没一次而无法使用的低地。他预购的价格很低，因为这些土地被认为并没有什么太大的价值。他用了几吨炸药，把那些陡峭的小山炸成松土。再利用几台推土机把泥土推平，原来的山坡地就成了很漂亮的建筑用地。另外，他又雇用了一些汽车，把多余的泥土堆在那些低地上，使其超过水平面的高度，也使它们变成了漂亮的建筑用地。由此他赚了不少钱。

　　他的钱是怎么赚来的呢？只不过是把那些泥土从不需要它们的地方运到需要的地方罢了，只不过是把没有用的泥土和想象力结合罢了。那个小城市的居民把这人视为天才，他确实也是天才。

小贴士

　　想象是心灵的一种能力，它具有自由、开放、浪漫、跳跃、形象、夸张等心理活动特点。想象使思维之流逍遥神驰，一泻千里，超越时空。萧伯纳认为，想象是创造之始。奥斯本认为想象力可能成为解决其他任何问题的钥匙。爱因斯坦则认为想象比知识更重要。

上帝帮我照相

人之所以可贵就在于有创造性的思维，而人生命的意义也在于创造的刺激。

妈妈陪着小女孩走路去上学。早上天气变坏了，云层渐渐变厚，开始闪电打雷。妈妈很担心小女孩会被雷吓着。雷雨下得越来越大，闪电像一把锐利的剑刺破天空，妈妈却看到自己的小女儿一个人站在街上，每次闪电时，她都停下脚步，抬头往上看并露出微笑。

看了许久，妈妈终于忍不住问孩子："你在做什么啊？"

女儿说："上帝刚才帮我照相，所以我要笑啊！"

还有一个聪明的男孩，妈妈带着他到杂货店去买东西。店主看到这个可爱的小孩，就打开一罐糖果，要小男孩自己拿一把糖果，但是男孩却没有任何的动作。后来，店主亲自抓了一把糖果放进他的口袋里。

回到家中，妈妈好奇地问小男孩，为什么没有自己去抓糖果而要店主抓呢？

小男孩得意地回答："因为我的手比较小呀！而他的手比较大，所以他拿的一定比我拿的多！"

小贴士

所谓创造力，即为自己能想出新方法、新点子来处理一切我们所面对的问题的能力。创造力是想象力的产品，创造性思考能够使你从多视角思考问题，也能够让你拥有更多的成功机遇。

电话转接的由来

美国家庭日用品制造厂艾比士公司制造出心形塑料水桶，在美国市

场上造成抢购的热潮。一般消费者长期受"水桶就是圆形"的观念所限制，新制造出的心形塑料水桶。当然会大受欢迎，心形水桶不仅外形可爱，使用时也可以得到许多乐趣，同时心形尖端是水的流出口，非常实用。

冰激凌的容器多采用圆筒形，但日本雪印乳品开发的"亚特利"冰激凌，以流行的容器包装吸引了不少消费者。"亚特利"冰激凌采用了带着漂亮花饰的椭圆形容器，每年的3月和9月，都会根据当时的趋势，改变容器上的花样。

日本一家小公司老板藤野中道因工作关系，经常到全国各地出差，他请不起留守公司负责听电话的职员，就利用电话答录机接受客户订货。但很多时候等他出差回来时，听到电话答录机的订货、交货日期已经过了。为此，藤野很苦恼，于是思考着如何解决这个问题。他提出把打到无人公司的电话转接到指定场所的转送电话业务。很快，这种电话转接业务被日本企业界视若至宝，出现了专项转送电话服务公司。

小贴士

创意往往要求创意者对生活、对人的生活习惯有深刻的了解，更需要潜意识里有足够的情报和自由想象的空间。想象力，有时能够直接决定你的创意。

国王与画家

从前，有一个国王听说一位画家擅长水彩画，一天他专程去拜访那位画家。"请你为我画一只孔雀。"国王对他说。画家愉快地答应了。

一年后，他再次登门拜访画家。"我订购的水彩画在哪儿？我曾经要你为我画一只孔雀。"

"你的孔雀就要画好了。"画家说着拿出纸，不一会儿工夫就画了一只非常美丽的孔雀。国王觉得非常满意，但是价钱使他大吃一惊："就那么一会儿工夫，看起来毫不费力，轻而易举就画好了，为什么要这么高

第二辑　想象力是创新的源泉

的价钱?"国王问。

于是画家领着国王走遍他的房子,每个房间都放着一堆画着孔雀的画纸。画家说:"这个价钱是非常公道的,你看起来好像不费力而简单的事情,却花费了我很多的时间和精力,为了画出使您满意的孔雀,我整整用了一年的时间来准备这幅画!"

国王听后愕然。

小贴士

创新是时间的积累,灵感是长期酝酿的爆发。有时看别人做事,一挥而就,好像很简单,其实是长时间苦练的结果。就像故事中的画师一样,如果没有一年的时间积累,他画出的孔雀可能就不会那么传神了。因此,凡事都要看过程,而不能只注重结果。

第三辑 学习是创新的金钥匙

雕塑大师周轻鼎

常言道："百里不同风，十里不同俗。"在周轻鼎的家乡湖南的农村有一个习俗：每年的春节、元宵节，家家户户都用米粉做些鸡、鸭、牛、羊、狮子、麒麟、大象等来敬神祭祖。

轻鼎的母亲心灵手巧，她用柔软的一团米粉，就能捏一些活灵活现的小动物，惟妙惟肖，令人赞不绝口。她更擅长捏那些麒麟、狮子一类复杂的吉祥物。

妈妈是轻鼎的雕塑艺术的启蒙教师。每当妈妈在捏这些吉祥物时，他总是呆呆地坐在妈妈身边，一双稚气的大眼睛专注地望着妈妈那双灵巧的手。

敬过神、祭过祖，妈妈把这些小动物分给小轻鼎吃，他留下它们。望着手里这些惟妙惟肖的狮子、大象、麒麟等，他舍不得吃，细细地端详，细细地琢磨。看着看着，手里有点痒，他也想模仿着做一只。

此后，每年的春节、元宵节，当妈妈做这些小动物时，身边就多了一个小学徒。轻鼎的一双柔嫩的小手也在捏小鸡、小鸭、小兔……从简单到复杂，他开始捏狮子、大象、麒麟……他边学边做，由粗到细，越捏越像了。

轻鼎的兴趣越来越浓，一双小手不停地捏呀，捏呀。

米粉很贵，只限于春节、元宵节时才能捏几个；泥巴遍地都是，又不用花钱，他就用泥团来捏。一团泥巴在他手里，一会儿就捏只小兔。"真像，真像！"小伙伴们欢呼着，跺脚、拍手地喊叫，流露出羡慕的目光。

有一年冬天，湖南普降大雪，大地上铺了一层厚厚的雪。孩子们激动了，在雪地上跳着，追逐着。小轻鼎却望着满地的积雪出神。突然，他脑海里闪跳出一个新奇的主意：这满地的积雪，不可以代替米粉或泥巴吗？用这些如玉似银的积雪，雕塑麒麟、狮子、大象……该多美啊！于是小朋友们欢呼雀跃地一会儿就堆起一个个雪堆。孩子们的喧闹声惊动了轻鼎的父亲。父亲是一名秀才，靠辛勤的舌耕维持生计。有时也给人家写写字，画点画。他走出门，只见小轻鼎忙得满头大汗，已雕出了麒麟、狮子、大象等，个个形态逼真，晶莹光洁，像玉雕一般，如同出自雕塑家之手。他惊喜不已，突然发现了儿子有雕塑的天赋和才能。将来也许有大的造就吧！他深深知道，任何艺术都不是轻而易举能获得成功的。雕塑艺术也需要坚实丰厚的基础。父亲要培养儿子与雕塑有关的能力。他教儿子读古诗，练毛笔字，学绘画。在暗淡的灯光下，他教儿子读《唐诗》《古文观止》。在父亲的培育下，周轻鼎雕塑艺术的基础越来越丰厚，越来越坚实。

如今，周轻鼎已是世界著名的雕塑家，他雕塑的各种动物，已成为雕塑艺术中的瑰宝，走进了世界艺术之林。巴黎艺术馆里，有他年轻时在法国得奖的作品；美国收藏家里的玻璃橱窗里，有他早年的作品；在意大利、荷兰、丹麦、日本等地，也到处可见周轻鼎的动物雕塑，它们都被人们当作艺术珍品收藏着。

小贴士

没有坚实的知识基础，就不可能有创新。如果周轻鼎的父亲不为儿子补上功课，儿子又不去努力地学习，也许他的手艺真的只是"雕虫小技"了。因此，要想在某个领域有所创新，一定要先努力学习，打下坚实的基础。

动物是人类的老师

在大自然中，植物开出了万紫千红的花朵，蝴蝶在花丛中翩翩起舞，生机盎然，因此蝴蝶有"会飞的花朵"的美称。

蝴蝶不仅给人们带来美的享受，更重要的是，它还给科学家以有益的启示，解决了航天上的一大难题。

这件事说来也十分有趣。人类发射的人造地球卫星，在太空飞行时会受到太阳光的强烈辐射，向光的一面温度往往高达200℃，而背光的一面温度往往降到零下200℃。这样，卫星上装置的各种精密仪器、仪表就很容易被"烤"裂或"冻"裂。科学家对此大伤脑筋。后来，他们发现了蝴蝶的鳞片巧妙调节体温的作用：当太阳光直射时，鳞片会自动张开，以减少太阳光的辐射角度，从而可少吸收太阳光的热能；当外界气温下降时，鳞片又会自动闭合，紧贴体表，使太阳光直射到身上，以便吸收到更多的热量，因此它能使自己的体温始终控制在一个正常的范围内。就这样，科学家模仿蝴蝶的鳞片，为人造地球卫星设计了一种控制系统，从而圆满地解决了这个难题。

蚂蚁已经在地球上存活了5000万~9000万年。科学家估计，目前地球上至少生活着1兆亿~10兆亿只蚂蚁。它们能以弱小的身躯，在恶劣的自然环境中生存下来，世世代代繁衍生息，必有自己独特的本领。现在人们意识到，这种本领源自蚂蚁的"集体智慧"。研究人员认为，与人类相比，单个蚂蚁的智慧几乎可以忽略不计，然而当众多蚂蚁聚在一起时，它们能应付许多问题。当蚁群在搬运食物的路线上发现障碍物时，它们会以一种似军队行进过程中传递信息的"接力"方法，迅速找到绕行的最佳路线。蚁群的这种通信方法启发了人类。

以设计有线通信网络拓扑结构为例，当某个节点因数据通过量大发生阻塞时，必须迅速为这些数据流找到新的路径，争取使信号在最短时间内到达。而在密如蛛网的大型通信网络中，这样的节点无以计数，要保证网络中所有的节点都能够动态协调地工作，是一个相当复杂的问题，尽管人们为此做了很多努力，但至今仍未很好解决。

蚂蚁用一种非常简单的方法就解决了这个问题。它们在所经过的道路上释放出化学气息，当蚁群中其他成员探测这种气息后，就会循着特定的路线找到同伴引导目标，在这条路线上蚂蚁越多，留下的气味就会越大，于是，就会有更多的蚂蚁参与进来。与此同时，也会有一些蚂蚁去开辟一些新的路线，当原有路线被阻断后，蚁群便会迅速改变路线。而另外一些路线由于选用的蚂蚁较少，气味很快被蒸发掉，便不会有后来者使用。

用从蚂蚁身上学到的东西，改进人类的拓扑理论，构建新的通信或交通网络，可以说是蚂蚁对人类的一大贡献。比利时一所大学的计算机网络专家多里格和博纳布两人依此原理，在电子地图上设计了一些"虚拟蚂蚁"，它们爬过图上给出的每一个节点，当到达重要节点时，它们释放出"虚拟"化学气息，然后，再令其他虚拟蚂蚁沿着这条首选路线继续前进，最终在地图上标出最佳路线。这样一种技术，已经用于设计无障碍通信电话网络和电脑网，并在瑞士用于规划高效交通网。

蚁群在搬动物体时使用的通信方法同样十分奇妙。研究发现，蚂蚁协调动作靠的也是在物体上释放气味，而像我们人类那样相互之间直接交换信息。当力量安排不合理时，蚂蚁会用气味通知其他同伴去加强较弱的一方，最终达到力量平衡，而且，绝不会有浪费"人力"的现象发生。现在，人们已开始把从蚂蚁身上学会的东西用于设计移动重物的机器人。

小贴士

人类的一大特色就在于他们具有学习和创新的能力，正是因为学习和创新，才使人类能够优越于地球上其他各种生物，不断发展下去。如果不向昆虫和动物学习，许多方面的创新都不会出现了。如今，人类的学习还不会止息，人类的创新也不会止步。

读书破万卷，创新自然来

"你知道中国五千年来文章写得最好的前三名是谁呢？我告诉你，就是李敖、李敖、李敖。"

能下如此评论的人，不是别人，正是以文化流氓自居的李敖。李敖一生的经历可以说极具传奇色彩，他能言常人之所不敢言，即使在戒严期间，依旧敢重言批评台湾当局，面对长年牢狱生涯仍无惧色，着实让人佩服他的勇气。他的文人傲骨与独树一帜的行事风格，在如今的宝岛台湾，更赢得许多人的支持与喝彩。李敖的独特风格也让许多艺人争相模仿，他的影响力在华人社群可说是无远弗届，拥有大批忠实的读者。

李敖之所以能成为广受欢迎的作家、电视节目主持人，最重要的原因，正如李敖所称，他拥有常人不可及的丰富学识，他可以综合运用自己的所学，立异创新，发别人所不敢发之语。李敖此语虽然狂妄，但却货真价实。他从小养成了读书的习惯，而且他能一目十行，阅读的速度也比别人快，在初中写出的评论文章，连国学大师胡适都称许有加。

而李敖常说要感谢他早年的牢狱生涯，如果不是坐牢，他就不会有如此多的时间在狱中阅读和写作。他在牢里写的许多作品，在解禁后都变成了畅销书。

李敖读书有他的独特做法，当他发现值得一读的书，就会买两本，一本是写满了眉批，摆在书架收藏，另一本则是用来剪下精彩的篇章。李敖有他独特的分类档案，里头有各种书的精华，也有不同时期的剪报资料。这些独特的档案，可以说是李敖引经据典的资料库。当他在电视中拿出剪报，指出什么人物说错话时，证明了他活用信息学识的功力。

"我是不用电脑整理资料的，因为电脑比不上我。"这句话用在李敖身上可以说是非常贴切的。

小贴士

杜甫诗云："读书破万卷，下笔如有神。"充分说明了读书、学习对于创新的重要性。李敖之所以能够时时刻刻发别人所未发之新语，正是他努力读书、学习所积累而成的。如果你时时抱怨自己为什么没有创新的灵感时，不妨自问，你努力学习了吗？

长期积累才会有灵机一动

牛顿是世界一流的科学家，他所发现的万有引力定律是人类历史上前所未有的创新之举。当有人问他到底是通过什么方法得到那些非同一般的发现时，他诚实地回答道："总是思考着它们。"还有一次，牛顿这样表述他的研究方法："我总是把研究的课题置于心头，反复思考，慢慢地，起初的点点星光终于一点一点地变成了阳光一片。"正如其他有成就的人一样，牛顿也是靠勤奋、专心致志和持之以恒才取得巨大成就的，他的盛名也是这样得来的。放下手头的这一课题而从事另一课题的研究，这就是他的娱乐和休息。牛顿曾说过:"如果说我对公众有什么贡献的话,这要归功于勤奋和善于思考。"另一位伟大的哲学家开普勒也这样说过:"只有对所学的东西善于思考才能逐步深入。对于我所研究的课题我总是追根究底,想出个所以然来。"

英国物理学家及化学家道尔顿(1766~1844)不承认自己是什么天才,他认为他所取得的一切创新都是靠勤奋点滴积累而成的。约翰·亨特曾自我评论道:"我的心灵就像一个蜂巢一样,看来是一片混乱、杂乱无章,到处充满嗡嗡之声,实际上一切都整齐有序。每一点食物都是通过劳动在大自然中精心选择的。"

小贴士

"发明大王"爱迪生有一句至理名言:"发明是百分之二的灵感加上百分之九十八的血汗。"道出了孕育和呼唤灵感的艰辛。但在灵感降临的刹那,最为贴切的词汇却是四个字——灵机一动。无论是以动机为前提的创新灵感寻觅,还是由于外界事物启发而偶然产生的灵感闪现,都是由于大脑中原有"某种准备",在得到启发后,使灵感思维处于激发状态,建立起许多暂时联系而迅速结合的产物。看似灵机一动,其实早有准备,是长期积累、偶然得之的结果。

永远年轻的毕加索

著名画家毕加索在90岁高龄开始画一幅新的画时,对世界上的事物仿佛还是第一次看到,他仍然像年轻人一样生活着。

毕加索从不满足于现状,他至死寻找新的思路和用特殊的表现手法来表达他的艺术感受。和他截然相反的是大多数画家在创造了一种适合于自己的绘画风格后,就不想追求改变了,当他们的作品得到人们的赞赏时更是这样。所以随着艺术家的年龄增长,他们的绘画风格,变化不会很大。

但毕加索却不这样,他像一位终生没有找到自己的特殊艺术风格的画家，千方百计寻找完美的手法来表达他那不平静的心灵。毕加索作画，不仅仅用眼睛，而且用大脑。毕加索的画，有些色彩丰富、柔和，非常美丽；有些用黑色勾画出鲜明的轮廓，显得难看、凶狠、古怪。这些画启发我们的思考，使我们对世界一直改变看法。

小贴士

俗语说："活到老，学到老。"创新其实也一样，需要时时更新，一旦创新停止了，人的心灵就会变成一潭死水，生命的活力便消失了。因此，我们必须像毕加索那样，将创新进行到底。

老猎人的经验

有一天，美洲草原上燃起了大火，烈火借着风势越烧越旺，所过之处都成了焦土。

这时，恰好有一群游客在草原上游玩，熊熊烈火正向他们扑过去，面对这突如其来的险情，游客们惊慌失措。

幸好有一位老猎人与他们同行，他果断地喊道："为了我们大家都有救，现在都得听我的指挥！"

老猎人让大家赶紧动手拔除面前的干草，清出一块空地来。大家一起动手，很快就清理出了一块空地。这时，大火越来越逼近了，人们已经感受到了烈焰的灼热。再看看面前的这一小块空地，每个人的心中都充满了恐惧——大火很可能会借着风势越过这一小块空地，将人们埋葬在火海里。

老猎人叫大家站在远离火的一边，自己则站在靠近大火的一边，并且在自己的脚边放起火来，眨眼之间，老猎人的身旁就升起了一道火墙。游客们简直惊呆了，这不是引火烧身、自寻死路吗？然而，奇迹发生了——老猎人点燃的那道火墙竟迎着原先的大火烧了过去，当两边的大火烧成一片时，火势反而骤然减弱，并且渐渐地熄灭了。

脱险后，人们纷纷向老猎人请教："这样做究竟是什么道理？"老猎人笑着说:"看起来风是向着我们这边刮的,但在靠近大火的地方,气流还是会向着火焰那边流动。我看准了时机放了把火,火借这股气流向那边扑去,把附近的草木都烧光了,那边的大火也就烧不过来了。"

小贴士

生活中无处不蕴藏着深刻的智慧。一个看似平凡的老猎人,运用自己的生活经验标新立异,以火灭火,救了大家的生命。这个办法看似简单,但若没有丰富的草原生活经验,把握不准点火的时机,照样不能成功。平常的学习积累,对关键时刻的创新具有举足轻重的作用。

刻苦努力才有创新

梅兰芳是我国现代著名京剧艺术家,他表演的京剧既传神又能突破创新,引领一代潮流,有些人认为这是他的天赋使然,然而实际情况却非如此。

梅兰芳出生于京剧世家,耳濡目染,对京剧这门艺术也很喜欢。但他的资质却不太好,相貌平平,小圆脸,眼神还有些木讷和呆板,见了人之后嘴也不乖巧,甚至还有几分笨拙。为了使京剧世家的香火延续下去,不在他的手里给断送掉,在他8岁那年,家里还是请来了一位很有名的老师做他的启蒙老师,给他"说戏"。第一出开蒙戏为《二进宫》,其中有四句老腔,先生反复教他,还是不能上口。先生见他如此笨拙,认为他不是学戏的料,便拂袖而去,不再教他了。临走时,先生冷冷地对小梅兰芳说道:"祖师爷没给你这碗饭吃,我也没有办法。"

梅兰芳是一个有志气、有毅力的孩子,先生的这句话像一根钢针似的刺痛了他,他心里想,别人能学会的东西,我为什么学不会,我又不比别人矮半截。爷爷常说的"事在人为"这句话,这时也在耳边响起。小梅兰芳便暗下决心,一定要好好学戏,让所有的人都要对自己刮目相看。

不久,家人又把小梅兰芳送到了"云和堂"学戏,拜吴老先生为师。

在学堂里学戏是一件苦差事,小梅兰芳每天清晨五点就得起床,先到城墙根空旷的地方练习走台步、跑圆场和吊嗓子。他上午练功,下午学唱腔,晚上念戏本子。吴先生对小梅兰芳要求非常严,有时还采取十分严苛的训练方法,但小梅兰芳总是按老师要求的标准,努力完成练功任务。

小梅兰芳不仅严格按先生规定的训练时间和要求去做,有时还自己给自己加重砝码,逼迫自己向更高的目标迈进。当时练功还有一种方法,就是先生在桌上摆一摞铜钱,规定练功20~30遍,每练一遍就将一枚铜钱放到漆盘里,直到铜钱放完,练功才告结束。有时先生放的铜钱全放到漆盘里了,小梅兰芳就从自己的衣袋里再取出一些铜钱,继续进行练习。每次练功,小梅兰芳都要比别人练的时间长、次数多,直到将先生规定的动作烂熟于心为止。

当时,有一种功法就是踩着高跷站在砖头上,要求站完一炷香的工夫。高跷是用两根半米多长的木棒做成的,与砖头接触的部位仅有铜钱大小,要想在砖头上站稳,全身要有相当好的协调能力,否则就会从高跷上摔下来。起初,小梅兰芳站上去总是东摇西晃,腰肢酸软,两只脚也异常的疼痛,站不久,就从上面摔了下来。摔下来之后,小梅兰芳也顾不得疼痛,再次站了上去。就这样,折腾了几个来回,小梅兰芳又累又痛,而且是汗流满面,衣服都被汗水湿透了。然而,为了练就一身过硬的本领,有时他宁肯将嘴唇咬破,也一声不吭地站到底,直到烧完一炷香为止。

经过艰苦的学习和磨炼,梅兰芳终于成为我国名噪一时的京剧大师,他对京剧有诸多突破性的贡献,其实都是早年努力的结果。

小贴士

梅兰芳刻苦努力学戏的经历给予我们很大的启示。创新的获得绝不是一朝一夕的事,不刻苦努力,又怎么提高自己的能力呢?要想拥有强于他人的能力,就一定要付出比别人多几倍的努力。

第四辑　培养良好习惯，成就创新天才

第四辑 培养良好习惯，成就创新天才

恐惧是创新的敌人

一家铁路公司有一位调车人员尼克，他工作相当认真，做事也很尽职尽力。不过他有一个缺点，就是他对人生很悲观，常以否定的眼光去看世界。

有一天，铁路公司的职员都赶着去给老板过生日，大家都提早急急忙忙地走了。不巧的是，尼克竟不小心被关在一辆冰柜车里。

尼克在冰柜里拼命地敲打着、叫喊着，全公司的人都走了，根本没有人听得到。尼克的手掌敲得红肿，喉咙叫得沙哑，也没人理睬，最后只得绝望地坐在地上喘息。

他越想越可怕，心想，冰柜里的温度在零下20℃以下，如果再不出去，一定会被冻死。他只好用发抖的手，找来纸笔，写下遗书。

第二天早上，公司里的职员陆续来上班。他们打开冰柜，发现尼克倒在里面。他们将尼克送去急救，但他已没有生还的可能。大家都很惊讶，因为冰柜里的冷冻开关并没有启动，这巨大的冰柜里也有足够的氧气，而尼克竟然被"冻"死了！

其实尼克并非死于冰柜的温度，他是死于自己心中的冰点。因为他根本不敢相信一向不轻易停冻的这辆冰柜车，这一天恰巧因要维修而未启动制冷系统。他的不敢相信使他连试一试的念头都没有产生。

小贴士

恐惧是我们心中的冰点。许多时候，打败我们的不是外界的困难，而是我们心中的恐惧。其实，没有人能够完全不怯懦和畏惧，最坚强的人有时也不免有懦弱胆小、畏缩不前的心理状态。但如果这成为一种习惯，它就会使人过于谨慎，小心翼翼，多虑，犹豫不决，在稍有挫折时便退缩不前，不能充分发挥自己的才能，容易产生悲观失望的情绪，导致自我评价和自信心的下降，这样又谈何创新呢？其实故事中的约翰只要敢于冒险、敢于尝试，他完全不会是得到的决不是故事中所描述的下场。

滑动的茶碗

英国著名的物理学家瑞利,从小就善于观察和勤于思考。

一天,瑞利家来了许多客人。瑞利的妈妈沏好了茶,把茶碗放在碟子上,准备端给客人喝。由于妈妈上了年纪,手颤抖了一下,茶碗在碟子上滑动,茶水洒到了碟子上。这时瑞利完全被妈妈手中的碗碟吸引住了。他发现:妈妈起初端来的茶碗很容易在碟子中滑动;可是在洒过热茶的碟子上,茶碗就不容易滑动了。

"太有趣了,我一定要弄清楚,这是为什么!"瑞利非常激动地想。

客人走后,瑞利用茶碗和碟子反复地试验起来。

经过多次试验之后,瑞利得出了结论:碟子表面有一些油腻,油腻减少了茶碗和碟子之间的摩擦力,所以容易滑动。当洒上热茶后,油腻就溶解消失了,茶碗在碟子中就不容易滑了。

为了应用,瑞利又进一步研究了油在固体物摩擦中的作用,提出了润滑油减少摩擦力的理论。后来,他的理论被广泛地运用到生产和生活中去,在有机器运转的地方,几乎都少不了润滑油。

1904 年,瑞利因发现氩气获得了诺贝尔物理学奖。

小贴士

观察和思考是许多创新者赖以成功的法宝。瑞利能在物理学领域获得这样的成功,这与他善于观察和勤于思考的好习惯是分不开的。

肯动脑子的华佗

东汉末年,7 岁的华佗到一位姓蔡的医生家去拜师。行过拜师礼,华佗规规矩矩地坐在那里静听老师的吩咐。

医生医术高明，前来拜师的人很多。蔡医生看到这么多拜师的孩子，决定先考考他们。

他把华佗叫到面前，指着家门口的一棵桑树提了一个问题。"你瞧，这棵桑树最高枝条上的叶子，人够不着，怎么能采下桑叶来？"华佗道："用梯子呗！""我家没梯子。""那就爬上去采。""不，你能想出别的方法吗？"

华佗找了根绳子，用绳子系上一块小石头，然后用力往那最高的枝条上抛。那根树枝被绳子拉了下来。华佗一伸手就把桑叶采下来了。蔡医生高兴地点点头说："很好，很好！"

过了一会儿，庭院旁有两只山羊在打架。几个孩子去拉，可是怎么也拉不开。"你去想想办法，叫那两只羊不要打架吧。"

华佗在树下转了一圈，拔了一把鲜嫩嫩、绿油油的草。他把草送到两只山羊的面前。这时，"山羊打累了，肚子也饿了，见了草就顾不得打架了。"蔡医生说。

"这孩子真会动脑子，我很高兴当你的老师。"

就是这个华佗，后来成了著名的神医。

小贴士

遇事多动动脑子，困难就不会成为困难了，神医华佗正是凭借这种好习惯而成为一代神医的。青少年要想成为一名具有创新思维的人，必须注意培养自己多动脑子的习惯。

多留心，就会多成功

世界著名物理学家李政道，在一次听演讲后，知道非线性方程有一种叫孤子的解。他为了彻底弄清这个问题，找来了几乎所有关于孤子理论的资料，然后这位大名鼎鼎的物理学家关起门来，专心致志地研究了一个多星期，寻找别人在这方面研究中存在的缺陷和弱点。

后来他发现，所有的文献都只是研究一维空间中的孤子。而在他所熟知的物理学中，意义更广泛的是三维空间。这是一个不小的缺陷和漏洞。

对此，他经过几个月的深入研究，提出了一种新的孤子理论，并用这套理论处理三维空间的某些亚原子过程，终于取得了许多丰硕的成果。

李政道深有感触地说："你如果想在研究工作中赶上、超过别人，你一定要摸清在别人的工作里，哪些地方是他们的缺陷。看准了这一点，钻下去，一旦有所突破，你就能超过人家，跑到前头去。"

小 贴 士

很多科学发现和发明并非像空中楼阁那样遥不可及。它们中很多都是一些有心人在别人不太在意的细节中发现的。生活中很多细节中存在着看不见的创新点，这就要求我们养成做个有心人的好习惯。多留心，就会多成功。

要想创新就得冒险

闻名世界的服装大师皮尔·卡丹成功的秘诀就是勇于突破传统，不断有新的创意。

皮尔·卡丹第一次展出各种成衣时，人们就像在参加一次真正的葬礼，皮尔·卡丹的这一行为被视为倒行逆施。结果，他被雇主联合会除名。

1959年，他异想天开，举办了一次借贷展销。而几年以后，他就成了这个组织的主席。

就这样，皮尔·卡丹事业的发展规模越来越大，不仅有男装、童装、手套、围巾、挎包和鞋帽，而且还有手表、眼镜、打火机和化妆品。与此同时，他开始向国外扩张，首先在欧洲、美洲和亚洲的日本得到了许可证。1968年，他转向设计，后又醉心于烹调，最后他成了世界上拥有自己的银行的时装家。

"卡丹帝国"从时装起家，几十年来，皮尔·卡丹始终是法国时装界的先锋。

第四辑 培养良好习惯，成就创新天才

早在1955年，皮尔·卡丹因自己有独特的创意而不容于同行。被逐出巴黎服装协会，然而他的服装设计并未因此而窒息，反而快速发展起来。他用透气面料做有出打褶的上衣，给新人穿上超短裙，让模特穿上带网花的长筒袜，还设计出"超短型"大衣；用针织面料为男士做西服。20世纪60年代末，他推出一套女工秋季服装，以式样新、料子柔、做工精细而成为时髦女郎和年轻太太的抢手货，一时轰动了巴黎。皮尔·卡丹由此成为法国十大富翁之一。

皮尔·卡丹曾经为突破传统付出代价，但这并没有阻碍他最终走向成功。要开拓新市场，所要冒的风险看上去很大，但成功的机会同样也很大。

小贴士

任何创新都离不开冒险。要打破旧习惯、旧制度的束缚必须冒一定的风险。青少年是心智发展的重要时期，一定不要养成畏首畏尾、只做"温室中的花朵"的坏习惯，而要养成大胆冒险、勇于尝试的好习惯。

尝试是成功的第一步

詹天佑生于广东南海，1870年考取幼童出洋预备班，官费留学美国，入耶鲁大学，获学士学位，是我国著名的工程师。

在幼儿时，就对各种机器产生了浓厚的兴趣。他的衣兜里、书包里，整天鼓鼓囊囊地装着齿轮、发条、螺丝钉……不论是在私塾，还是在家里，一有空他就拿出来弄着玩。

一天，嘀嗒嘀嗒在响的墙上挂的自鸣钟，引起了他的注意，他好奇地把它摘下来，把后盖打开，顿时，那么多金色的颤颤转动的小齿轮呈现在他面前，使他眼花缭乱，不胜惊奇。他的心突突地狂跳着，好激动啊！他俯下身子，把一个个齿轮拆下来，仔细地在地上排列好，免得组装时记错顺序。拆下的零件摆了满满一地。他惊讶地发现：原来一架嘀嗒嘀嗒走个不停的自鸣钟，竟是由这些零件组装起来的。于是，刚刚8岁的詹天佑悟出了一个道理：只要组装合理，死零件就可以变成活机器。

从那以后，詹天佑对机器的兴趣更加入迷了。

詹天佑留学归国后，曾任京张铁路（北京至张家口）总工程师兼会办。京张铁路1909年通车，打破了"中国人不能自己修铁路"的说法。

小贴士

尝试是成功人生的第一站。它可以挫伤胆小者的锐气，使其退缩；也可以振奋勇敢者的精神，使其顽强坚忍。詹天佑幼儿时期养成的喜欢尝试的好习惯，成为他以后成功的基石。

一切皆有可能

大学教授看到一本少儿读物上刊载了一个奇特的故事：

从前有三个猎人，两个没带枪，一个不会打枪。他们碰到三只兔子，两只兔子中弹逃走了，一只兔子没中弹，倒下了。他们提起一只逃走的兔子朝前走，来到一幢没门没窗没屋顶也没有墙壁的屋子跟前，叫出房屋主人，问："我们要煮一只逃走的兔子，能否借个锅？"

"我有三个锅，两个打碎了，另一个掉了底。"

"太好了！我们正要借掉了底的。"

三个猎人听了特别高兴！他们用掉了底的锅子，煮熟了逃走的兔子，美美地吃了个饱。

大学教授琢磨了半天，也没有明白是怎么回事。于是给这家刊物写了封信，指出故事的逻辑性错误：其一，中了弹的兔子怎么能逃走，没中弹的兔子又如何会倒下？其二，既然兔子逃走了，猎人如何能将它提起煮着吃？其三，没底的锅怎么能煮熟逃走的兔子，且美美地吃了个饱？

很多读者当然都支持教授的观点。

一年以后，教授的家里来了位朋友。与教授谈到某重点大学毕业生因为害怕失去一份高收入的工作，考上研究生之后却放弃读研究生的机会，到储蓄所去做了储蓄员；劣迹斑斑的黑社会分子却做了警察局局长等现象，两人欷歔感叹。

朋友突然提到了那家少儿读物上的那篇故事，问教授："你还记得那个故事吗？你现在能读懂了吗？"教授愣了愣，默然无语。良久，教授眼睛一亮，"哎哟"一声，端起酒杯顿了顿，说："最简单的真理往往最难发现。这个故事就是为了让孩子们从小就懂得：有很多可能的事会成为不可能，不可能的事却会成为可能……"

小贴士

真理并不是以人的意志为转移的，许多时候，事情往往出人意料，不可思议地发生了变化。但是，从另外一个角度来思考一下，却可以促使人们对事物进行更深层次地挖掘，锻炼人的悟性。生活中任何事情的发生都是可能的，青少年必须从小就接受这种事实。

不要被固有思维束缚

联合国秘书长安南读中学时，老师给他们上了一堂终生难忘的课。

一天，老师拿出一张画有一个黑点的白纸问道："孩子们，你们看到了什么？"同学们不约而同地回答："一个黑点。"

老师耐心地问："难道你们谁也没有看到这张白纸吗？眼光集中在黑点上，黑点会越来越大，生活中你们可不要这样啊！"

接着，老师又拿出一张点了一个白点的黑纸问大家："孩子们，你们又看到了什么？"学生们有了领悟地齐声答道："一个白点。"

老师笑了："孩子们，太好了，哪怕在黑暗中，只要能看到一点光明，并且为之奋斗，无限美好的未来就在等着你们。"

从此，老师的话就像一盏明灯永远留在了安南的心里。

小贴士

创意不受固有的方法和思维模式的束缚，它既与别人的思维框架不同，又与自己以往的思维框架不同。创新是开创性的、灵活多变的，并伴随着想象和灵感等思维活动。所以，创意具有极大的随机性和灵活性。

观察胜过看

著名的科学家达尔文，小时候就勤奋好学，从来不会在家老实待上一会儿。这天他又不见了，爸爸到处找他，最后在一棵树上找到了他。

"爸爸，快来看，这虫子多么稀奇古怪啊！"小达尔文在树上大声叫喊。他真的发现两只罕见的昆虫，连忙用两只手各抓了一只。这时，又飞来一只更加稀奇的虫子，他又赶紧把右手中的虫子放进嘴里，腾出手来抓住那只飞虫。尽管虫子在嘴里乱蹦乱跳，甚至分泌出又辣又苦的液体，他却紧抿着嘴唇……

小达尔文开始"研究"起花花草草来了。他说要把大自然当作课堂，将来要当个大科学家。当科学家当然要对昆虫、花草树木呀好好"研究研究"喽。

此时正是春光明媚的季节，他家的花园里有很多的花草已经舒枝展叶了。小达尔文"研究"的目光，射向一簇簇黄色和白色的报春花，它们已经开放了。他听父亲说过，报春花只有黄色和白色两种。他想，要是有很多种颜色的报春花，那就太好了。

他躺在花园里，晒着太阳，眼前忽然有这样的幻觉：花园里的报春花一会儿是白色的，一会儿是黄色的，一会儿是蓝色的，一会儿是红色的，一会儿是紫色的，一会儿又是黑色的……他忽然跳了起来，跑到正在精心整理花草的父亲跟前说："爸爸，我想让花是什么颜色就是什么颜色！"

父亲高兴地拍拍他的脸说："幻想家，你这幻想当然很不错，可是大自然是有一定的规律，花怎么能随便改变颜色呢？"

小达尔文认真地说："我已经想到了一个非常非常好的办法，我非要变出一朵红色的报春花不可！真的！"

第二天，父亲又在花园里整理花草的时候，小达尔文来了，手里果真捧着一束红色的报春花。

"咦，你是怎么变出这红色的报春花呢？"

小达尔文笑嘻嘻地说:"其实这还是您教我的呢!您说过,花每时每刻都在用根吸水,把水传到身体的各个部分去,我就想,让它喝些红色的水,传到白色的花朵上,那么花就会透出红颜色来。昨天我就折了一束白色的报春花,插到红墨水瓶里,今天它就真的变得红艳艳的了!"

小贴士

善于观察的能力在生活、学习中是非常必要的。只有在观察那些稍纵即逝的事物并对其进行精细观测的基础上,才能发现别人忽略的东西。观察不同于"看",观察是有目的的,是要寻找、认识的;而"看"的目的性不强,只是为了有所感觉。因此,观察得到的印象要比"看"深刻得多。

大自然让思维更开阔

王亚妮,壮族,中外驰名的小画家。1995年生于广西恭城瑶族自治区。

也许是遗传基因的作用,小亚妮从2岁起就喜欢画画。她学着爸爸的样子,用胖乎乎的小手拿一支画笔,神情专注地往纸上涂呀,抹呀。

小亚妮的爸爸,算得上是位高明的教育家,他懂得怎样把他的小天使培养成画家。绘画艺术是以大自然为素材的,需要在大自然里陶冶灵性。爸爸经常带小亚妮去欣赏大自然,去观赏动物园里的各种动物。

动物园是动物的王国。有呆头呆脑的狗熊、凶猛的老虎、温顺的梅花鹿……小亚妮唯独喜欢机灵顽皮的猴子。也许她和猴子有一种特殊的缘分吧,那嬉戏追逐、千姿百态的猴群,一下子引起了小亚妮的兴趣。小亚妮似乎也有一种"猴气",她像一只顽皮的小猴,蹦蹦跳跳地上了猴山和猴群尽情地玩耍,仿佛她也变成了一只小猴子。

从此,她的灵性融入了猴子王国,她把猴子作为自己唯一的绘画对象。她一遍一遍地画呀,画呀,百画不厌,总觉得眼前有一群千姿百态的猴子。

她把精力全部投入到猴子身上,把人的各种感情全都注入猴身之中。感情的丰富形象,孕育了神采,小亚妮能够神奇地画出猴子的情态、神韵,画出猴子内在的"魂"。

1985年,小亚妮10岁,她第一次在日本举行个人画展,一下就引起了轰动,观展者蜂拥而至,赞不绝口。

1989年,小亚妮14岁,她的画展在华盛顿立沙可乐博物馆开幕。她展出的69幅作品,再次引起了轰动。

她的画和她自身一样,都是那么天真烂漫,纯朴善良,充满童趣。她画的一幅《百猴图》有6米多长,共有112只猴子。它们个个神态各异,充满情趣,引发了观众的阵阵赞叹。

小贴士

所谓天地万物是我师,大自然是人类最好的老师,大自然之中,充满许多可以效法的材料,只要跟着它的脚步,就能解决许多困难。与自然接触时间越久,你的心灵就越丰富,你的思维就会更开阔,创新就会应运而生。

对事物要有敏锐的洞察力

有一天,索尼公司的创始人盛田昭夫外出散步,看到好朋友井深大手提笨重的录音机,耳朵上套着耳机,也在那里散步。

盛田昭夫感到奇怪,就问道:"你这是怎么回事?"

井深大回答说:"我喜欢听音乐,可又不愿意吵别人,所以只好戴上耳机。一边散步一边听音乐,是一件十分美好的事。"

老朋友的一句话,引发了盛田昭夫的灵感:生产一种可以随身带的听音乐的机器!新产品"随身听"的构想就由此萌芽。

根据盛田昭夫的设想,技术力量十分雄厚的索尼公司立即进行了缩小录音机零件的研制工作。没过多久,世界上最小的录放音机就问世了。

这种新型录放音机刚投放市场时,销售部门和销售商担心地说:"这种必须使用录音带的机子,却没有录音的功能,有几个傻瓜会买它呢?!"

盛田昭夫坚定地反驳说:"汽车音响也没有录音的功能,可是几乎每部车都需要它。因为它贴近和满足了人们的需要。"

第一批"随身听"一上市就大为轰动,赶时髦的青年们争相购买,原来预计一年卖10万部,结果一年售出了400万部。

小贴士

不要认为没有录音功能的"随身听"就没有市场,生活才是真正具有说服力的,只要能抓住生活中人们的心理特点,你就能获得成功。有时候一个好的创意就在于你的一念之间,关键还在于你对事物要有敏锐的洞察力。

善于向大自然发问的达尔文

达尔文是意大利文艺复兴运动最重要的发起者之一,他才华横溢、身份多元,是画家、建筑师,同时也是文学家、医学家与科学家。如果没有达尔文的丰富创意,可能就没有之后欧洲文明的剧烈变革。

后人在翻阅达尔文的笔记本时,很惊讶地发现他有不少的蓝图构想是当代的科技产物。最有名的例子就是直升机和喷气机的雏形,早就出现在达尔文的绘本里面。莫非达尔文具有预知未来的特异功能?否则他怎能构想出现今交通工具的轮廓?

其实达尔文绝非具有特异功能之士,他能构想出领先人类文明几个世纪的发明,最重要的原因,是他用心地观察大自然,从其中获得不少灵感。达尔文对于大自然的一切都非常感兴趣,在他的绘本里,就有很详尽的生物素描。他曾经仔细地描绘人类的心脏、肾脏等不同器官,同时他也巨细无遗地画出乌贼、鱼、青蛙、蝙蝠、兔子等不同动物的写生。当达尔文观察到鱼类运用鱼鳔的鼓动,让空气进出而造成在水中不同的深度,于是他就有了潜水艇的构想设计。同样的道理,达尔文发现乌贼在水中使用推动力推挤水而让自己前进,由此想到了在空中飞行的器具,也可采用这种方式推动空气前进，便产生了喷气机的最初构想。这些想法在当时可说是前所未闻，不过现在却都一一实现了。

小贴士

达尔文是个天才吗？答案是肯定的。但天才其实也和我们一样，同样需要吃饭和睡觉，唯一的不同就在于他善于向大自然学习，善于向自然发问。只要你能做到这一点，你也可以成为天才。

要有敢于一试的勇气

国王想从大臣中选一个智勇双全的人担任自己的宰相，就想了一个考验大家的方法。他把臣子们领到一扇奇大无比的门前说："这是王宫中最大的门，也是最重的门。你们当中谁能把它打开？"

大臣们都知道，这扇门过去从没打开过，所以，他们认为这门肯定是打不开的。于是，一些大臣望着门不住地摇头；一些大臣则装腔作势地走上前去看一阵儿，但并不动手，因为他们不想当众出丑；还有一些大臣甚至猜想，国王或许另有用意，所以，静观其变才是最稳妥的态度。

这时，有一位小伙子向大门走了过去，只见他双手猛力向大门推去，门被豁然打开了。原来，这扇门本来就是虚掩着的，没有锁也没有插栓，任何人都能轻易地推开它。于是，小伙子就成了国王的宰相。

小贴士

一些人认为，创新需要很多的条件，比如说才能、智慧和他人的帮助。其实创新很简单，只要你有想法，有敢于一试的勇气，就可以解决问题。

许多成功人士在没有成功以前也和我们一样普通，不同的是他们比我们更加具有冒险的精神而已。他们只要想好了，就会毫不犹豫地付诸行动。

兴趣是最好的老师

和其他的孩子一样，创办华有德康信息技术有限公司。陈宇华小时候并不是特别爱学习。大家都夸宇华聪明，父母倒觉得，小时候和其他孩子的差别并不是很大，无论从智力上，还是对学习的兴趣上。

像大多数家长一样，在宇华两三岁的时候，父母就给她买了很多的书，像什么《唐诗300首》《幼儿数学》《十万个为什么》等，一有空闲的时候，就给她灌输，但是她并没有表现出多么大的兴趣。往往是父母一边讲，她一边玩，东张西望，心不在焉的，根本不感兴趣。"宇华，给爸爸背背昨天教你的那首诗，好吗？""……"宇华摆弄着玩具。"鹅，鹅，鹅……"爸爸提醒道。"……"宇华还是不理，把玩具举起来，突然说："爸爸，我要好多好多的玩具！"

父母也没办法。看看别的小孩，说："来，给叔叔阿姨背首诗！"小家伙就摇头晃脑地背诗："日照香炉生紫烟，遥看瀑布挂前川……"父母听着，非常羡慕。宇华连"鹅鹅鹅"都不会背。父母也不知道该怎么办，甚至有时候想，这孩子是不是有点笨呀？

宇华倒是挺喜欢小汽车的，整天拿着个小汽车摆弄，可这有什么用？"爸爸，汽车为什么有4个轮子？"一天，宇华举着小汽车问。"4个轮子才稳当么。"爸爸一边看报纸，一边随口说道。"那，三轮车为什么是3个轮子？""……有3个轮子，也就稳当了……"爸爸有些不耐烦，因为他正在看一条重要新闻。"那，自行车怎么只有两个轮子？"爸爸放下了报纸，有些吃惊又有些尴尬地看着宇华，宇华正睁大眼睛看着他。父女对视了一分钟，爸爸才缓过神来。

从宇华乌黑的、充满了疑问的大眼睛里，爸爸像是看到了什么！"这不就是几何的几个基本原理么？"爸爸的脑子里像有个小火花跳跃了一下，当然，这只是实际生活中的几个小小的疑问而已，但正因为是实际的，不是比教学上的理论更鲜明、更活泼吗！爸爸知道该怎么做了，像是大梦初醒一般！"好孩子，"爸爸一把把宇华扯到怀里。"来，爸爸给你讲！"爸爸就用最浅显的话，认认真真地给宇华讲着。令爸爸感到特别高兴的是：这次宇华竟然一动不动，昂着脑袋，老老实实地听着爸爸的话，既不乱讲话，也不做小动作了。调皮、不爱学习、不会背"鹅鹅鹅"的宇华，现在却完全成为一个好学生了。

这件事情给父母很大的启发，那就是：兴趣是最好的老师。以前听这句话，父母还不太相信。兴趣？她根本不去学习，哪里来的兴趣？她哪里知道学习的兴趣？现在，父母明白了，兴趣不仅仅存在于课本中、课堂上，更多的是存在于现实生活中。

从此，父母也开始发现，宇华原来是个很爱学习的孩子：她老是在不停地提问。"爸爸，为什么天是蓝的？""妈妈，为什么海水也是蓝的？""为什么喝的水，洗脸的水，却没有颜色？"以前，父母会觉得烦，总是要么胡乱说说，要么搪塞不理——其实，还有一个原因，有的东西父母也不知道。这是不是大人的虚荣心在作祟呢？看来得好好看看《十万个为什么》了。后来，父母就把一切地方，都当作了宇华的大教室。

就这样，父母认真地对待宇华的各种问题，能解决的就解决，不能解决的，一面让她自己考虑，一面自己补习各种知识，然后再告诉她。宇华的"求知态度"得到了认真地回答，求知热情也就更加高涨起来，不断地提问，也在不断地获得知识。

终于，在各种兴趣的引导下，宇华不断努力，取得了辉煌的人生成就。

小贴士

也许在看这个故事之前，你也会认为兴趣可有可无，但等你看完故事后，也会恍然大悟，其实兴趣是一切发明创造者乃至成功者的最好"引诱剂"，注意培养孩子某方面的兴趣，他就可能会在那个方面取得伟大的成就，拥有美好的未来。

要善于思考

火车上，一个小孩指着窗外说道："那些树木在飞快地向后面跑，爸爸。"

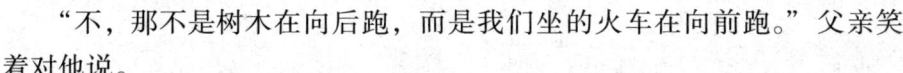

"不,那不是树木在向后跑,而是我们坐的火车在向前跑。"父亲笑着对他说。

"不,我认为我们坐的火车并没有动,动的是窗外的树木。"儿子天真地说:"因为我在这儿坐了很久了,并没有发现火车有什么变化,反而发现外面的东西都变了。这不是说明窗外的东西在动还能说明什么?"

"那么,假如现在你不在火车上而是在窗外的话,你会怎么想呢?"

"这个嘛……"小孩想了想说,"一定是我也会向后跑,就像那些树木一样。"

"你能够跑那么快吗?"

"是呀,我能跑那么快吗?这可有些奇怪了。"小孩有些摸不着头脑了。

"儿子,祝贺你明白了一个道理。"

"我明白了一个道理?"小孩不解。

父亲耐心为他讲解:"你说窗外的树木在向后跑,是因为你把火车当成了不动的东西,也就是说,相对于火车来说,树木的确是向后移动了。反过来,如果把树木当成不动的东西,火车就是向前跑了。"

"噢,我明白了。怪不得我会认为火车没有动呢!这是因为我把自己当成了不动的东西。火车带着我向前行驶,我们一起在动,当然就不会感到它也在动!"小孩说道。

"那么,把你放在窗外会有什么感觉呢?"父亲启发他。

"嗯,假如我站在窗外的地面上,火车就是不停地向前跑了。"小孩回答道,"假如仍然把火车当成不动的话,我就是和树木一样在向后飞跑了。"

"那么,你能跑那么快吗?"这下轮到父亲奇怪了。

"当然能,因为这是相对的,火车能跑多快我就能跑多快。"

长大后,这个小孩成为一位著名的物理学家。

小贴士

爱因斯坦说过,学习知识要善于思考、思考、再思考。一个人如果书读得多而不加思考,就会自认为自己知道得很多,而当再进一步思考,思考得越多,创新的机会也就越大。从某种意义上说,思考的作用是无穷的。

不要忽视小小的想法

电视台的制作室里正在录制节目,主持人正在问一个小朋友:"你长大后想要做什么呀?"小朋友天真地回答:"嗯……我要当飞机的驾驶员!"

主持人接着问:"如果有一天,你的飞机飞到大西洋上空,所有的引擎都熄火了,你会怎么办?"小朋友想了想说:"我会先让坐在飞机上的人绑好安全带,然后我挂上降落伞跳出去。"

这话把大家逗笑了。没想到,孩子的脸被大家的笑气得通红,两行热泪夺眶而出。主持人问他:"为什么要这么做?"小孩的话让所有的人震撼了:"我要去拿燃料,我还要回来!我还要回来!"

小贴士

大人们听到小孩的话之后都笑了。其实他们是在常规的泥潭没有走出来,根本没有明白原来孩子另有想法,事实往往是这样。

不要忽视一个小小的想法,不要嘲笑一个荒诞的想法,殊不知在这些想法中蕴藏着机遇、自信心、希望,还有难得的勇气。许多科学家都是从一些不切实际的想法入手来成就自己梦想的。不怕不敢做,就怕没有做的勇气。

回收垃圾的女孩

当其他同龄孩子们在电话上叽叽喳喳地谈笑她们最近遇到的一些新鲜事时,12岁的女孩劳拉·贝丝·摩尔却在与市长通话,讨论如何改变本市的面貌问题;当其他女孩正在逛超市买衣物时,劳拉正在游说她的邻居们以寻求支持;在暑假里,当同学们去看电影或约会时,劳拉正待

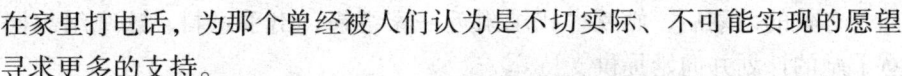

在家里打电话,为那个曾经被人们认为是不切实际、不可能实现的愿望寻求更多的支持。

是什么事情如此吸引劳拉,让她将几个月时间的假期都用在了工作上,而不是去玩耍呢?是什么激起了她的巨大热情呢?

垃圾,是垃圾,是那些令人讨厌又必须回收的垃圾。

看了1990年地球日的展览后,劳拉意识到在她居住的城市——休斯敦,没有任何垃圾回收系统,她决定要改变这种现状。

最初劳拉的尝试一直在碰壁,市政厅根本不给她回电话。接电话的人告诉她让一位成年人帮她打来电话,对方认为劳拉还是个未成年的孩子,根本不把她的想法放在心上。她终于找到了一个愿意和她讲话的人,但那人根本不关心这件事。后来她就写信给市长,询问他是否能为本市提供垃圾回收系统。但寄出去的信却如石沉大海。几个月后,劳拉听说休斯敦附近的地区正在进行垃圾回收的试验。劳拉希望自己所在的地区也能实行这项措施,于是准备了一封有数百人签名的请愿书寄给市政厅。回复说不可能,市长认为在全市范围内进行垃圾回收的花费根本不合算。

"市长根本不在乎我的想法,"劳拉有些伤心地说,"他把我看成是个孩子。"

但是劳拉相信只要坚持做下去,就没有做不成的事情。"做任何事都不那么容易,"劳拉说,"我必须努力争取,即使我的想法得不到任何人的支持,我也相信我能改变这一切。"

劳拉的妈妈一直在旁边注视着她,并劝说她:"咀嚼了痛苦和艰辛后,你会吸取教训的。"但是,事实上她从妈妈那里领悟到一个12岁的孩子究竟能做什么事,能学到什么东西。

虽然耗费了一番苦心,却没有任何结果,但是劳拉丝毫没有气馁,更没有动摇自己的信念。面对每一次拒绝,她告诉自己,这只是我前进途中的一步,但我要做的就是一直找下去,直到找到愿意帮助我的人。

后来,劳拉又想了另外一个办法,决定在自己所在的地区建立一套垃圾回收系统。她整个暑假都在找有关的信息以及可以提供支持的公司和机构,希望能让这个计划吸引资金。当她感觉自己已经有了一个确定的、有效的计划后,她就去找了附近一家组织,出乎意料,这个组织同意了她的计划并向她提供支持。

但还有一个麻烦,就是劳拉需要一个能让邻居放置垃圾的地方,她认为当地学校是一个非常理想的场所。开始校长不愿意接她的电话,而劳拉坚持给他打电话。几个月后,她打了许多次电话,终于得到一些大人的支持和校长的合作。

1991年春天,劳拉的垃圾回收系统正式运行了。当天就有数百名居民将可回收垃圾交到了回收站,几个志愿者开着拖车将垃圾堆在一起运往回收工厂。三个月后,回收垃圾系统看来非常成功了,这时一些志愿者开始减少。劳拉想出另外一个办法,她用自己每月20元的津贴租用了一辆卡车,重新吸收了一名志愿者开车将纸、铝、玻璃和塑料运往回收公司。

两年后,这个系统早就实现了自给自足。仅仅在一个星期六,这辆卡车就将17吨垃圾原料运往回收公司,再加工成为有用的产品。

回收系统建立运行的几年间,休斯敦的新市长看到了这种系统的实用性和有效性,决定将这种系统推广到本市的其他地区。

劳拉,这个十来岁的孩子,受到了市长的表扬。

小贴士

做任何事情,都需要具备坚持不懈的精神,即使一条路走不通,我们可以换另一条路去试试,如果还不行,那就再换一条路,直到事情成功。能够成功创新的人也需要坚持不懈,这是一条屡试不爽的法则。

不要怀疑奇迹的存在

美国的一家报纸上登了这么一则广告:"一美元购买一辆豪华轿车。"

哈利看到这则广告半信半疑:"今天不是愚人节啊!"但是,他还是揣着一美元,按着报纸上提供的地址找了去。

在一栋非常漂亮的别墅前面，哈利敲开了门。一位高贵的少妇为他打开门，问明来意后，少妇把哈利领到车库里，指着一辆崭新的豪华轿车说："喏，就是它。"

哈利脑子里闪过的第一个念头就是："是坏车。"他说："太太，我可以试试吗？"

"当然可以！"于是哈利开着车兜了一圈，一切正常。

"这辆轿车不是赃物吧？"哈利要求验看车照，少妇拿给他看了。

于是哈利付了一美元。当他开车要离开的时候，仍百思不得其解。他说："太太，您能告诉我这是为什么吗？"

少妇叹了一口气："唉，实话跟您说吧，这是我丈夫的遗物。他把所有的遗产都留给了我，只有这辆轿车，是属于他那个情妇的。但是，他在遗嘱里把这辆车的拍卖权交给了我，所卖款项交给他的情妇——于是，我决定卖掉它，一美元即可。"

哈利恍然大悟，他开着轿车高高兴兴地回家了。路上，哈利碰到了他的朋友汤姆。汤姆好奇地问起轿车的来历。等哈利说完，汤姆一下子瘫在了地上："啊，上帝，一周前我就看到这则广告了！"

小贴士

在这个日新月异的社会，什么事都有可能发生。那些连奇迹都不敢相信的人，是不可能获得奇迹、创造奇迹的。其实，有时候获得奇迹很简单，只要毫不犹豫地去行动就可以了。所谓的运气好，就是行动的结果。只有去追求，才能抓住一些看似不可能的机会。安于现状、怀疑一切、惧怕失败的人，永远不可能创造出奇迹。

珍妮·古多尔的冒险

许多专家曾断言，人们无法对野生黑猩猩的生活奥秘进行探索和研究，因为黑猩猩居住在难以穿越的茂密森林中，研究者会遭遇各种各样的危险与困难。可是，就在20世纪60年代初期，从坦桑尼亚传来一则惊人的消息：有一位刚刚走出校门名叫珍妮·古多尔的英国姑娘，怀抱为科学献身的崇高理想，放弃了优越的工作，远离繁华的都市，只身进入非洲丛林与黑猩猩为伍。她想去探索那属于黑猩猩的独立王国。

"所有这一切，都要推到我那遥远的童年，"珍妮·古多尔说，"当我刚刚学会爬行的时候，动物就引起了我的兴趣。我曾钻进闷热的鸡窝一直待了5个钟头，就是要看看母鸡究竟是怎么下蛋的。8岁时，我就下定决心：一旦长大就要去非洲，和野生动物为伍。"

1960年，当立志研究人类近亲黑猩猩的珍妮·古多尔生平第一次进入她无限向往的非洲密林时，既为那壮观的原始景象所激动，又为无法接近黑猩猩而焦虑。刚开始，黑猩猩在500米以外见到她就逃跑了，或者在与她突然相遇时威吓她。热带丛林中的风餐露宿，毒蛇猛兽的袭击、威胁，不习惯的气候，疟疾的折磨以及其他种种困难，都使她的工作变得极为艰难复杂，但是这些困难丝毫不能减弱她的工作热情。当她第一次在近距离内观察到黑猩猩的活动时，激动得"心脏几乎停止跳动"。从此，黑猩猩不仅是她的研究对象，还成为她朝夕共处的朋友。她的整个身心都贯注于野生黑猩猩行为的研究上，以至于能准确地理解黑猩猩的每一种姿势和表情的含义。在她翔实的观察成果中，有一个又一个和睦友爱的黑猩猩家庭，也有黑猩猩之间以及黑猩猩与狒狒之间惊心动魄地争雄角斗；有黑猩猩家庭内庆贺小猩猩出生时的欢乐，也有垂钓白蚁的动人情景……所有这一切，耗去了珍妮·古多尔整整11年的时间。她以宝贵的青春为代价，在动物研究史上首次揭开了黑猩猩行为的奥秘，完成了这项许多专家虽梦寐以求却无法完成的科研壮举，填补了关于人类近亲动物知识领域的空白。

一个年轻姑娘，独自进入原始森林与黑猩猩为伴，其中所遭遇的困难可想而知。她的崇高的理想，狂热的热情、兴趣，尤其是敢于冒险的挑战精神，至今还被许多人传颂。

小贴士

成功者有遇事喜欢刨根问底的良好习惯，有不弄明白誓不罢休的科学态度。社会上有很多自然现象和生活琐事，都有可能给人们提供创造发明的机会，有探索精神的人就可能抓住它，而墨守成规的人就会白白地错过。青少年如果要想锻炼自己的创新思维，必须好好培养自己的冒险精神，养成良好的习惯。

第五辑　瞬间灵感萌发无限创意

第五辑　瞬间灵感萌发无限创意

猪肉与汽车

　　福特汽车是美国最重要的汽车品牌之一，在全球的销售量也名列前茅。在成立之初，创办人亨利·福特一直思考着，要如何大量生产，降低单位成本，以提高福特汽车在市场的竞争力。但他苦思冥想，一直没找到很好的办法。

　　有一天晚上，亨利·福特给孩子们说完三头小猪如何对抗野狼的故事后，他突然有个想法，为何不去猪肉加工厂看看，或许有一些新的发现。他参观了几家猪肉加工厂后，发现里面的作业采用天花板滑车运送肉品的分工方式，每个工人都有固定的工作，自己的工序做完后，将肉品推到下一个关卡继续处理，肉品加工生产效率非常高。

　　亨利·福特立刻想到，为什么不将肉品的作业方式应用到汽车生产上呢？

　　他之后和研发小组设计出一套作业流程，采用输送带的方式运送汽车零件，每个作业员只要负责装配其中的某一部分，不用像过去那样负责每部车的全部流程。亨利·福特所采用的分工作业，很快达到了他原先的要求，使得福特汽车成功地提高了全球的市场占有率，同时也变成以后不同车厂的作业标准。

小贴士

　　一个简单的小故事，在有心人的眼中，却可以产生极大的作用。有时生活就是这样，我们每个人并不缺乏创意和灵感，关键还在于你能否抓住它。

第一条帆布工装裤

　　1850 年的美国旧金山已经是一个很热闹的地方了，到处是熙熙攘攘、

川流不息的人群。这些人大都衣衫褴褛、蓬头垢面,一副疲于奔命的样子。他们尽管种族不同、语言各异,但是满脑子里都在做着一个共同的美梦:淘金发财。

自从美国西部发现了金矿,便掀起了"淘金热",世界各地希望"一夜暴富"的人像潮水一样向这里涌来了。

在这川流不息的人群中,有一个叫李维·施特劳斯的年轻人,他是德国犹太人,抛弃了自己厌倦的家族世袭式的文职工作,跟着两位哥哥远渡重洋也赶到美国来"发财"。

现实并非李维想象中那样:这里淘金人多如牛毛,淘金不是一件好做的事情!

他是一个比较实在的人,心里盘算开了,做生意或许比淘金更容易赚钱。这样他就开了一间卖日用品的小商铺。

从德国来到美国,异国他乡,一切都是新的——那样的新鲜,又是那样的生疏。要开好这个小店,他得向当地的美国商人学习做生意的窍门,学习他们的语言。犹太民族是个做生意天赋极高的民族,他们自从被赶出家园之后,在世界各地流浪很多很多年,他们之所以不断发展,就是靠他们高超的经商头脑。

因此,他们的基因里就有做生意的长处,李维也不例外。没过多久,他就成为一个地道的小商贩了。

一次,有位来小店的淘金工人对李维说:"你的帆布很适合我们用。如果你用帆布做成裤子,更适合我们淘金工人用。我们现在穿的工装裤都是棉布做的,很快就磨破了。用帆布做成裤子一定很结实,又耐磨,又耐穿……"

说者无意,听者有心。一句话就把李维点醒了,他连忙取出一块帆布,领着这位淘金工人来到了裁缝店,让裁缝用帆布为这个工人赶制了一条短裤——这就是世界上第一条帆布工装裤。

这种工装裤后来演变成一种世界性服装——李维牛仔裤。那位矿工拿着帆布短裤高高兴兴走了。

此时的李维已经考虑成熟了:立即改做工装裤!许许多多的发明都是"踏破铁鞋无觅处,得来全不费工夫",真是诗人所说的"妙语本天成"。

小贴士

李维如果也专淘金,今天的我们可能就没有牛仔裤可穿了。很多成功人士都能从生活中得到启示,获得发明创造的灵感。能启示一个人灵感的机会很多,怎样才能抓住它们呢?唯一的办法就是不轻易放过每一个对你有用的现象。

不要小看每一个想法

日本御木幸吉率领满载乌龟的大船,向大洋彼岸进发,不料途遇风暴,抵港时所有的乌龟已烂,发财的美梦顿时破灭。

前景渺茫,他独自伫立在海滨,这时两位中国人的对话声传入耳中。原来他们正在做珍珠交易。

他灵机一动,小小的珍珠比我整船的乌龟还贵重啊……物以稀为贵……天然珍珠自然有限……为什么不用人工繁殖珍珠……

他立即开始寻访,打听到中国洞庭湖一带有把佛像放入珍珠贝里,制造佛像珍珠的故事,他就专心研究珍珠产生的原理。终于,他找到了将玻璃塞入珠母贝中养殖珍珠的最好办法。突然地"灵机一动",却使他迈向了"世界珍珠大王"的道路。

小贴士

不要小看你自己的每一个想法,那些在刹那间迸发的思维火花,也许不仅在别人眼中,就连自己也觉得幼稚可笑和不实际,但请你正视它,你可能因为它而取得进步和改变。

科尔斯的仿古家具

美国著名的家具经销商尼·科尔斯,一次家中突然失火,几乎烧

光了他家里的一切，只剩下些粗壮的松木，外面烧焦，而内芯得以残存。要在一般人，可能在极度的痛苦中会将这些废料扔掉完事，但尼·科尔斯却从这些焦木中发现了商机：因为那焦木的旧纹理和特殊的质感使他产生了灵感，他决定要制造以突出表现木纹为特点的仿古家具。

他用碎玻璃片刮去废木上的沉灰，再用细砂纸打磨光滑，然后涂上一层清漆，便使废木显出了古朴、典雅、庄重的光泽和清晰的木纹。就这样，他制造的仿古典木质家具独领潮流，从此生意兴隆。

小贴士

当可能改变命运的灵感在生活中产生时，绝大多数人习惯于忽视它，一切都墨守成规。我们应该意识到，内在的冲动可能使我们有所创新，从而获得成功，思维燃起火花的一刹那，可能足以改变我们的命运。

做个"有心人"

加藤信三是日本狮王牙刷公司的职员，日本的公司职员工作一般都比较紧张，加藤信三也不例外。每天一大早他就得起床，即使感觉睡眠不足，头晕目眩，也只得硬撑着，为了赶上班，时常是闭着眼睛匆匆忙忙地洗脸、刷牙。

有一天，他正刷着牙，又发觉自己的牙龈出血了，这种牙刷已经把自己的牙龈刷得出了好几次血了，加藤信三气得真想把牙刷往地上摔……但他冷静一想，他觉得像自己这样刷牙刷得牙龈出血的人肯定为数不少，也就是说有许多人对传统的牙刷感到不方便、不满意，这么说来，如果自己能够解决这个问题，那一定会受到许多人的欢迎。

为此他想到了许多解决牙龈出血的方法：例如，牙刷改用很柔软的毛，这样确实能够解决牙龈出血的问题，但牙刷过于柔软，不能很好地清除牙缝中的"垃圾"。又如使用前把牙刷泡在温水里，让它变得柔软一些，或者多用一点牙膏，他都觉得不够理想，因为不是很方便。后来他又想：牙刷毛的顶端是不是像针一样尖呢？可能是它刺出来的血？他把牙刷放在放大镜下查看，意外地发现牙刷毛顶端是四角形的，也许是这种四角形的牙刷毛顶端棱角太分明，容易刺破牙龈吧。于是，加藤灵机一动针对这个缺点想出一个好办法，把牙刷的顶端磨成圆形，那么用起来一定不会再出血了。

　　于是，他把他的新创意向公司提出来，公司对此非常有兴趣，马上采纳了他的新创意。后来狮王牌的牙刷顶端就全部改成了圆形，由此受到消费者的普遍欢迎。狮王牌的牙刷不仅在众多牙刷中脱颖而出，而且长盛不衰，一直红火了10多年，至今势头不减。销售量占全国同类产品的30%～40%，加藤信三也由职员晋升为科长，十几年后成为公司的董事长。

小贴士

　　发明创造的能力是每个心智正常的人所具有的潜质，而能否捕捉到灵感思维的火花则是区分天才和庸才的显著标志。加藤信三是个"有心人"，通过对生活中的点滴进行观察，触发灵感，最终取得了成功。因此，在生活中，我们必须做个"有心人"。

马斯楚与鬼针草

　　大家都知道在衣服、鞋子上有一种一扯即开的"免扣带"，它以方便省时的优点大受现代人的欢迎。说到它的发明就要提到一个叫马斯楚的瑞典人。

　　马斯楚就是"免扣带"的发明人，这个发明纯属偶然。

　　1948年的一天，他和朋友兴致勃勃地去登山。登上顶峰后，大家很惬意地坐在草地上吃午餐。这时，马斯楚突然觉得臀部又痛又痒。他知道这又是鬼针草的"恶作剧"，于是坐不住了，不耐烦地把鬼针草一根一根地从裤子上摘下来，但怎么摘也摘不完。回家后，他把残留在裤子上的鬼针草取下来，想弄清楚它为什么"粘"人，结果他发现鬼针草的结构十分特殊,粘在裤子上拍不下来。马斯楚灵机一动,"如果模仿它的结构,做一种纽扣或别针,那该多好!"

一念之间,一项新发明创造诞生了。马斯楚先生制成了一种合上就不易分开的布,即一块布织成许多钩子,另一块布织成很多圆球,两者合起来,产生拉链的效果。他将其命名为"免扣带",申请了专利,然后与一家织布公司合作生产。由于"免扣带"的使用范围很广,马斯楚足足赚了3亿多美元。

小贴士

在我们日常的学习、生活中,常常产生灵感,这些灵感往往是一闪即过,没有产生什么价值。其实,捕捉灵感,从灵感中寻求创意是很多人取得人生成功的灵丹妙药。

杰克的发明

很早以前,美国有一个名叫杰克的公务员,繁忙的工作之余最大的爱好便是溜冰。收入微薄的杰克为到溜冰场溜冰花费了不少钱,手头拮据的杰克最向往冬天,因为冬天可以到冰天雪地"免费"溜冰。可是春天一来,这些天然溜冰场便消失了。

有什么补救的办法呢?杰克针对"冰天雪地"冥思苦想,除了想到人工制造冰场的方案外,也没有什么好的办法。即使有了人工冰场,皮夹子空空的杰克也只能望场兴叹。

一天,杰克的头脑中突然闪过一个念头:我干吗老在"冰场"上兜圈子呢?溜冰不就是一个溜字吗?只要能让人的身体溜来溜去,不就是一种乐趣吗?

杰克的思路转到了"溜"字上,集中思考怎样让人"溜"起来。他在观察了会溜的玩具汽车后,突然一个灵感涌上来:"要是在鞋子底面装上轮子,能不能代替冰鞋?这样的话,一年四季就都可以溜冰了。"

经过几个月的努力,杰克终于把这种鞋做出来了。不久,他便与人合作开了一家工厂，专门生产这种被称为旱冰鞋的产品。他做梦也没想到，产品一问世，就受到消费者的热烈欢迎。没几年的工夫，杰克就赚进了100多万美元。

杰克因为他的一个灵感，而发明了旱冰鞋，不仅方便了自己，还方便了他人，自己也因此得到了丰厚的回报。

小贴士

好的创意就像蒙娜丽莎的微笑一样令人沉醉，但它并不神秘，揭开创意的面纱，背后往往是很简单的一个转念，最重要的是要做个生活中的有心人。只要用心，垃圾也能变成黄金。好灵感不在天涯，不在海角，就在你身边，在你的点滴生活中。

灵感是长期思索的结果

在美国历史上出现过许多发明家，其中有我们非常熟悉的莱特兄弟。其实，早在莱特兄弟发明首架飞机前10年，美国青年莱克便做出了一项让世人交口赞誉的发明——双壳体潜艇。

可有谁知道，他的灵感居然是由扔酒瓶得来的。

1893年，莱克历经千辛万苦终于造出了一艘形状奇特的潜艇。它靠压载物沉入海底，靠轮子滚动在海底前进。然而这艘柜子形的潜艇稳定性不佳，莱克为解决此问题而冥思苦想。一天，他约了几个好朋友到海滩野餐。酒足饭饱之后，几个人意犹未尽，玩起了扔酒瓶的游戏。一场游戏开始了，接二连三甩出去的酒瓶伴随着"扑通"声立即沉入海底，可唯独有一个瓶子竟然没有沉入水下，而是浮在水面左晃右摆。

原来是一个伙伴搞了鬼，他扔出去的是个剩下半瓶酒的瓶子。正当人们要惩罚他时，莱克却高声叫道："太谢谢了！"原来，莱克从漂浮的半瓶酒中得到启示，只要增加潜艇的上部浮力，那潜艇就会稳定而不沉没了。他马上对原来设计的潜艇进行改造，终于获得了成功。

> **小贴士**

灵感是长期思索的结果,所以,捕捉潜伏型灵感要求创新实践者要有不怕困难、耐得住寂寞和清苦的精神,更要有承受挫折的勇气和毅力,还要有长期致力默默无闻的创新探索工作的思想准备。灵感的爆发是突发的,但灵感爆发前的酝酿和艰苦探索却是默默无闻的。灵感不会去叩响懒惰者的家门,也不会与犹豫不决者挽手同行。灵感只偏爱那些具有长期艰苦探索精神和随时做好捕捉准备的勤奋者。

随时记录灵感

古时有位诗人,在寒冬的一天,天降大雪,这位诗人,看着地上一望无际的白雪,洁亮晶莹,遂有写诗的兴致,但是他没有立刻写出,他觉得现在时机尚未成熟,所以他自道:"吾将诗兴置于雪!"

这位诗人将诗兴埋了几个月,仍然一个字都没有写出来,等到春暖花开时,雪也被太阳融尽了,诗人仍没有写诗的灵感,便自叹道:"只怨烈日误我诗!"

> **小贴士**

很多人都有这种经历,自己也有一些好的想法,但是却没有好好把握或将这种想法随意抛掉了,其实,很多科学发明、发现都是由这些不经意的想法想到的。如有灵感,不马上记下,它就会随风而逝,所以我们应该随时准备好纸笔。

岛津源藏的专利

1921年10月5日的深夜,邮递员敲响了日本电池株式会社的大门,送来了一份来自德国的急电。电文是:"购铅粉制法技术,需 4 亿日元,速复。"原来这家公司制不出优质蓄电池极上用的"涂敷用铅粉",就派一名技师,去德国鸠多尔公司商洽购买此项技术的事宜,没想到这么快就有了答复。为此,日本电池株式会社立即召开了核心会议。会上大多数成员都建议立即买下此项专利技术,只有岛津源藏一人持反对的态度,他认为:"4 亿日元买这项技术太贵了,不如我们自己来发明!"他说干就干。

他首先向陶瓷研究所借了一台磨石粉的电磨,放入铅块进行实验,但是磨出来的总是片状的小块块,怎么也成不了"粉",急得岛津源藏手足无措。岛津源藏只上过两年小学,不得已,他向好朋友植田博士请教。植田思索良久,说:"是不是可以用化学上的氧化反应来试一试。"岛津源藏按照这个思路又展开了一连串的尝试。他苦干了几天几夜,发现结果仍不理想,可是他再仔细地察看,却在容器的底部见到一层薄薄的白色粉末般的物质。岛津源藏小心地用勺子收集起这些粉状物,拿去给植田博士看。植田一见,大吃一惊说:"这的确是氧化铅。这是在你试验后期,铅块摩擦发热,与空气的氧气产生化合,才形成粉末的。不过这么长时间,才搞了这么一小勺,恐怕还是不行。"此时,岛津源藏已牢记了"摩擦发热"和"与空气中的氧气产生化合"这两个关键地方,便展开了更深层次的思考,他想:"怎样才能产生更多的热量呢?"一次,他在冥想中回忆起童年淘洗芋头的经验:芋头在竹箩里滚来滚去,相互摩擦……岛津似乎感到眼前一亮,马上找来了一只空汽油桶,在空汽油桶里放了一些小铅块,他手抓着桶沿,轰隆隆地摇了起来。由于铅块和铅块碰撞,里面的铅已有 200℃高温,摇了一个小时之后,揭开盖一看,放入的铅已有 1/100 变成了白色粉末,他不由欣喜若狂,高兴万分。不过岛津源藏并没有满足,"怎样才能让铅块更充分地与空气中的氧气化合呢?"最后,他干脆采取了孩子们吹肥皂泡的办法,给油桶装上管子,直接向里面输入空气,这样摇了一个小时,白色粉末量一下增加了十八倍。实验终于获得了圆满的成功。此后,岛津源藏将这种生产铅粉的办法申请了世界专利。

如此简单的生产方法,令世界许多著名物理学家惊诧不已!这项技术,远远超过了德国鸠多尔公司的技术。此后日本电池株式会社便大张旗鼓地向全世界推销他们制造的铅粉设备及专利许可权，终于发展成为一家名扬世界的大公司。

小贴士

灵感的瞬间爆发通常是长期艰苦探索、长期思考酝酿的结果，灵感的酝酿往往有一个因人而异、长短不一的潜伏期，但是，它的出现又是快速的，稍纵即逝，即在百思不得其解之后突然悟出一个问题的绝妙答案或解决方案。一般来说，从对难题开始思考到产生飞跃性顿悟之间，显意识思维经历了"思考"和"思考中断"两个阶段，逻辑思考的中断实际上仅仅是显意识思维的"休眠"，其实潜意识思维仍然在悄悄地工作着。岛津源藏勤于思考，勇于动手，最后迎来了灵感的火花。

亨利·兰德的发明

亨利·兰德平日非常喜欢为女儿拍照，而每一次女儿都想立刻看到父亲为她拍摄的照片。于是有一次他就告诉女儿，照片必须全部拍完，等底片卷回，从照相机里拿出来后，再送到暗房用特殊的药品显影。而且，副片完成之后，还要照射强光使之映在别的相纸上面，同时必须再经过药水处理，一张照片才算完成，他向女儿做说明的同时，内心却问自己："难道没有可能制造出'同时显影'的照相机吗？"对摄影稍有常识的人，听了他的想法后都异口同声地说："哪儿会有可能，简直是一个异想天开的梦。"但他没有因此而退缩，他告诉女儿的话成为一种契机，经过一次又一次地试验，他终于制出了"拍立得"相机，这种相机的作用完全依照女儿的希望。与此同时，兰德企业也就此诞生了。

"拍立得"相机正式投产后，发明者是如何宣传和推销这种新式相机的呢？经过慎重考虑，兰德请来了当时美国颇有名望的推销专家——霍拉·布茨。布茨一见"拍立得"相机便顿生好感，欣然受命担任专门负责营销的经理。

迈阿密海滨是美国的旅游胜地，每年来此度假的游客成千上万。精明的布茨认为这里是理想的推销场所，他专门雇用了一些泳技高超、线条优美的妙龄女郎，在海滨浴场游泳时假装不慎落水，然后再由特意安排的救生员将其救起，惊心动魄的场面引来了许多围观的游客，这时，"拍立得"相机立刻大显身手，眨眼工夫，一张张记录当时精彩场面的抢拍照片就展现在人们面前了，这令见者惊讶不已，推销员便趁机推销这种相机。就这样"拍立得"相机迅速由迈阿密走向全美国，成了市场的热门商品，畅销不衰。

小贴士

有创造力的人接受问题，就像欢迎一个带来更大满足的良机。每个人都有创造性的想象力，都能发挥创造力，那么，在解决问题时请记住：遭遇任何问题，都是激发灵感的大好机会。

灵感可以"点石成金"

纺织厂的纺锤本来是卧式转动的，一天，英国纺织工哈格里夫斯偶然发现家里的纺车被妻子珍妮无意中碰倒了，使横架的纺锤竖直起来，哈格里夫斯这时想：纺锤能不能立着转呢？如果可以的话，不是可以用一个纺轮带着许多个纺锤同时转动，一次可以纺出好几根线吗？正是沿用这一思路，新的纺织机问世了，将纺锤增加到8个，从此，纺织业的工效提高了8倍。它的发明者为了纪念自己的妻子，将这部最早用于生产的机械纺机命名为"珍妮机"。"珍妮机"的运用降低了棉纱的生产费用，扩大了市场，给工业带来了最初的推动力。

台北某饭店气派豪华，富贵典雅。开张伊始，老板因看到一篇报纸的批评稿得到启发，推出了50万元一桌的宴席及每间达20万元的"总统套房"。这种令人咋舌的价码遭到了传媒和公众的激烈批评，一夜之间，该饭店臭名远扬。这时老板出面公开道歉，并大幅度降低，使得饭店宾客盈门。各地旅客慕名而来，他们认为饭店迫于压力才如此"便宜"，自己省了钱还享受"总统"待遇。实际下降后的费用并不低，老板赚了客人的钱，还要使他们自鸣得意。

小贴士

"化腐朽为神奇"需要的是点石成金的创造性思维，而创造性思维在某种程度上依靠灵感的火花点燃。在生活中，多去发现和观察，灵感的火花就会到来，为你带来成功。

医院里迸发的灵感

小李在一家广告公司工作了好几年了，可是觉得有些泄气，凭着著名大学本科的学历进入这家公司，她很希望能好好表现一番，可是始终拿不出可以让自己扬眉吐气的成绩来。

最近，一位比她资历还浅的女孩，竟然因为一个很有创意的方案，不但让客户非常满意地和公司签下了长期合约，而且还得到了广告创意大奖。小李觉得无颜面对公司员工，心灰意冷，打算辞职另找其他性质的工作。

因为心情不好影响到身体，生病的小李来到医院的候诊室里，心中还不住嘀咕"我太笨了！可能不适合干这行。"

"广告学的理论我都背得滚瓜烂熟，技术也不比别人差，可是为什么做出来的东西都那么死板？"想着想着，小李不由自主地叹了口气。

她感到浑身酸软无力，两眼无神地望着前方。医生迟到了，匆匆进入了诊疗室。忽然，小李撕碎了口袋中拟好的辞职信，站起来就往外走。

过了几个星期，小李的广告公司推出一则电视广告：

一位身着手术衣帽并戴口罩的大夫，正紧皱眉头专心动手术，四周的气氛紧张而凝重。护士不停地为医生擦拭额头上的汗，只见他伸手接过一把剪刀，再伸手接过一把刀子，过了一会儿又伸手接过一个瓶子往下倒……医生手持瓶子，拉下口罩，注视着自己的杰作，满意地笑了。

镜头一转，他的杰作竟然是一盘让人垂涎欲滴的螃蟹。

这时唯一的一句旁白缓缓响起："只有××牌调味料，才能让你大显身手！"

大夫的身影触发了小李的灵感，一则美妙的广告不仅为公司带来高额利润，也让小李重获了往日的自信。

小贴士

在医生匆匆进入诊室情景的触动下，小李找到了激发创意的灵感。灵机一动是一种能把人引向成功的智慧，它就像打火机的打火石一样，能够引发智慧的火花。

第六辑 从细节里发掘创意

弗莱明与青霉素

亚历山大·弗莱明于1881年出生在英国北部。中学毕业后，他如愿考上圣玛利亚医学院，毕业后从事免疫学研究。

1922年，弗莱明在研究工作中盯上了葡萄球菌。葡萄球菌是一种分布极广、对人类健康威胁极大的病原菌。人一旦受伤伤口感染化脓，其元凶就是葡萄球菌。可当时人们对它没有什么好的对付办法。

很长一段时间，弗莱明一直在研究葡萄球菌。在他的实验室里，几十个细菌培养皿里都培养葡萄球菌。弗莱明将各种药物分别加入培养皿中，以期筛选出对葡萄球菌有抑制作用的药物。可是，实验一次次失败了。各种药物都不是葡萄球菌的对手。

1928年的一天，弗莱明与往常一样，一到实验室，便观察培养皿里的葡萄球菌的生长情况。他忽然发现一只培养皿里长出了一团青绿色的霉。显然，这是某种天然霉菌落进去造成的。这使他感到懊丧，因为这意味着培养皿里的培养基没有用了。弗莱明正想把这只被感染的培养基倒掉时，发现青霉周围一片清澈。凭着多年从事细菌研究的经验，弗莱明立刻意识到，这是葡萄球菌被杀死的迹象。

为了证实自己的判断，弗莱明用吸管从培养皿中吸取一滴溶液，涂在干净的玻璃上，然后放在高倍显微镜下观察。结果，在显微镜下竟然没有看到一个葡萄球菌！弗莱明兴奋不已。

这青霉到底是哪一路"英雄"呢？

弗莱明将青霉接种到其他培养皿中培养。用线分别蘸溶有伤寒菌或大肠杆菌等的水溶液，分别放在青霉的培养基上，结果这几种病菌生长很好。说明青霉没有抑制这几种病菌生长的作用。而将带有葡萄球菌、白喉菌和炭疽菌的线，分别放在青霉培养基上，则这些细菌全部被杀死。

就这样，"青霉素"这一伟大的发现就在那一个瞬间诞生了。

小贴士

弗莱明通过一个小小的细节却发现了影响人类命运的青霉菌，着实令人兴奋。事情往往是这样，许多伟大的发明创造常常是由一些小小的细节造就的，因此，绝不可忽略生活中的任何细节。

哈同的智慧

哈同是旧中国闻名上海滩的"大班"，控制着大上海一半以上的房地产，财富难以计数。但是，这个闻名一时、富甲一方的犹太大亨，刚来中国时却一文不名。

当时，年仅24岁的犹太人哈同尾随嘴咬雪茄的洋商与身带枪炮的洋人，流浪到了旧中国的大上海。当时，他独自一人，一贫如洗，靠他父亲在上海的老朋友介绍，才勉强到沙逊洋行混了个看门的差事，住在又脏又臭的勤杂工宿舍里。

看门本是一个不能发财的下等差事，可哈同一干上就不一样了。虽说只干了几天，他就对洋行上下了如指掌，特别是他还悉知：那些来洋行办事的，大多是来谈烟土等黑货生意的，于是他脑袋一晃，就想出了一个发财的点子。

以前，前来办事的只需和门卫打个招呼就被放进去，这回哈同的工作方法改变了。他在门口放了一本登记簿，来客一律要先登记，然后坐在门口的长凳上等候，按顺序进门。这下可把那些烟土商急坏了，因为他们急于将黑货出手。有些机灵的商人，猜透了哈同的用意，便拿出1元钱，轻轻塞到哈同手中，恳求道："我有急事，能不能通融一下？"哈同马上到里面跑一趟，出来说："请进吧。"

当排在前面的人提出质问时，他就会用刚学的中国话说："他的生意比你们的紧急。"

久而久之，其他的商人也看出窍门来了，于是也在登记时塞给他1元钱。有个别商人生意较大，需"货"较急的，还多加两元钱，要求"插号"。

这一看门方式的改变，不仅使哈同一天能多收入二三十元的外快，而且还给营业部管事留下一个聪明能干的好印象。因为，以前这位管事的办公室里，从早到晚总是挤满了客户，他们争先恐后地谈生意，吵得管事头晕目眩。忽然从某一天起，客商们秩序井然地有进有出，而且几乎所有大买卖都排在前头。管事起初颇感纳闷，特意抽空去门口调查了一番，才知"原来如此"，不觉对哈同另眼相看："这个犹太青年聪明能干，让他做看门人，岂不是大材小用！"

不久，营业部管事就找哈同谈话，表扬他工作认真、聪明能干，并问哈同对洋行业务有何高见。哈同怎肯放过这个在上司面前表现的机会，忙说："我看，用抵押的办法可以扩大营业额。"这话一下就说到了管事的心坎上。用抵押、期票，不仅可以增大营业额，而且大有发挥的余地。

就这样，哈同很快就得到了上司的赏识，并像坐直升机般被提拔为业务管事、领班及行务员，直到最后成为旧上海滩首屈一指的富豪。

小贴士

巨大的机会常常就潜藏在一个微不足道的细节中。即使废纸篓里的一些废纸条，有时也会预示着某些创意。善于发现细节，在创造性思维的指导下化平凡为神奇，你就能掌握到更多的机会，才能多角度、多渠道地解决好问题。

留心细节的罗兰德·希尔

大约半个世纪以前，一个旅人曾在苏格兰北部的一家乡村客栈过夜。在他停留期间，信使给老板娘带来了一封信。老板娘接过信，审视了一番，又原封不动地把信还给了信使，说，她付不起信的邮费——当时大约得要两先令。听了这些话，旅人坚持要替老板娘付邮费。当信使离开了以后，那老板娘坦白地跟他说，其实信里根本没什么内容。她知道写信的是自己的弟弟。他住得离她比较远，他们曾经约定好，在写信的时候他们只要在信封上做一些特殊的记号,他们就彼此明白对方过得是否很好。

这件小事启发了这个旅人,这个旅人就是著名国会议员罗兰德·希尔。在看到这件事情后,他马上就意识到人们需要一种价格低廉的邮政方式。没过几个星期,他就向国会众议院提出了一项议案来降低邮费。正是由于这样一件小事,才有了后来费用低廉的邮政制度。

小贴士

千万不要以为伟人就是只做惊天动地的大事情的人,伟人也是因为做一些平凡的小事做多了而伟大起来的。那些对自己的本性毫无认识,永远不屑于关注细微之事的人,永远成就不了任何大的功业。

小点子解决大问题

1954年,贝特·格雷厄姆女士在美国得克萨斯信托银行担任秘书时,由于对擦除打字错误感到厌烦,有一天她把颜料涂在了错字上。这种颜料具有涂覆功能,这一个小小的创造性举动,影响了大家。整个办公室都采取了这种做法。起初,她给这种混合物取名"改错液",后来又叫"液态纸"。她把全部心思都放在了自己的发明上,经过一番努力后终于取得成功,吉列公司于1979年以5000美元购得了这项发明。格雷厄姆靠自己的这一创造获得了足够的资金支撑自己的两个组织:致力妇女福利和艺术的贝特·克莱尔·麦克默里基金会和吉恩基金会。

美国有一位叫哈罗德的电器工程师,一天晚上他去睡觉时,忘记将电吉他的开关拉掉。次日一大早,他起床去关电吉他时,竟意外发现地板上躺着4只老鼠。他将莫名其妙死亡的老鼠交给有关单位去解剖分析,并陈述了他未关掉电吉他的情况。专家们经过分析后认为:这4只老鼠是被电吉他的高频率振动杀死的。电吉他的高频率振动波能严重地损伤老鼠的神经系统,受到这种高频振动波刺激的老鼠,不是惊慌失措,就是不吃不喝,以致死亡。

哈罗德受自己这个偶然发现的启发,发明了一种小型灭鼠器,命名为"阿米戈",在美国申请了专利。这台小装置只有普通足球那么大,能发出一种电磁波的音乐声波,能很快杀死方圆 10 米以内的老鼠与蚂蚁。它对家禽、家畜、人体均无损伤,而且发出的音乐声悠扬低沉,很受人们的欣赏。20 世纪 80 年代这种微型灭鼠器在美国极为风靡,成了市场上的热门货。

小贴士

好的创意不一定要多新多奇,能够解决问题才是最重要的。有时候一些非常简单的方法,照样可以帮助我们解决问题。小创意能够解决大问题,而小创意总是离不开生活的积淀。

小创意大用途

19 世纪中叶,美国流传着一个小针孔成就百万富翁的故事:

美国许多制糖公司把方糖运往南美洲时,都会因方糖在海运途中受潮而遭受巨大损失。这些公司花了很多钱请专家研究,却一直未能解决这个问题。而一个在轮船上工作的工人却用最简单的方法解决了这个问题:在方糖包装盒的一角戳个通气孔,这样,方糖就不会在海上运输时受潮了。

这种方法使各制糖公司减少了几千万美元的损失,而且简直不花成本。这个工人专利意识十分强,他马上为该方法申请了专利保护。后来,他把这个专利卖给各制糖公司,成了百万富翁。

上面这个创意又启发了一个日本人,这个日本人想:钻孔的方法是否还可用于其他方面,不光是方糖包装盒。他研究了许多东西,最终发现:在打火机的火芯盖上钻个小孔,能够延长油的使用时间。他凭着这个专利也发了财。

小贴士

小创意虽然小,但往往能达到不同凡响的效果,像故事中那个美丽

的小孔，它像一颗星星一样，闪烁着发明者创意智慧的光辉。

从细节处抓住顾客的心

宜家家居，瑞典家居用品零售集团，目前已有70多年历史，在全世界36个国家和地区拥有292家大型门市，很多商家直接的促销方法是在商品本身上研究思路，而宜家家居则采用围魏救赵的方法，把眼光盯在顾客的感觉和体验上，其实主要是为了抓住顾客的心。

宜家有一个购物特点，就是将旅游的价值取向注入购物的过程，让顾客更敏感的是购物的体验。轻松、自在的购物氛围是全球292家宜家门市的共同特征。这也是"围魏救赵"之计的妙用，宜家鼓励顾客在卖场拉开抽屉，打开柜门，在地毯上走走，或者试一试床和沙发是否坚固。这样你会发现在宜家沙发上休息有多么舒服。如果你需要帮助，可以向店员说一声，但除非你要求店员帮助，否则店员不会打扰你，以便让你静心浏览，轻松、自在地逛商场或做出购物的决定。

宜家所进行的商品检测也与众不同，它没有那些冠冕堂皇的这个"指标"那个"认证"。它对顾客更关心的商品的耐用性进行实打实的测试。在宜家，用于商品检测的测试器总是非常引人注目。在厨房用品区，宜家出售的橱柜从摆进卖场的第一天就开始接受测试器的测试，橱柜的柜门和抽屉不停地开、关着，数码计数器显示了门及抽屉承受开关的次数：至今已有209 940次。你相信吗？即使它经过了35年、20万次的开和关，橱柜门仍能像今天一样正常工作！

跟许多家具店动辄在沙发、席梦思床上标出"样品勿坐"的警告相比，在宜家，所有能坐的商品，顾客无一不可坐上试试感觉。周末客流量大的时候，宜家沙发区的长沙发上几乎坐满了人。宜家出售的"桑德柏"沙发、"商利可斯达"餐椅的展示处还特意提示顾客："请坐上去！感觉一下它是多么的舒服！"

在沙发区，一架沙发测试器正不停地向被测试的沙发施加压力，以测试沙发承受压力的次数。

宜家总是提醒顾客"多看一眼标签：在标签上您会看到购物指南、保养方法、价值"。靠着这些在细微处的关照，宜家获得了成功，这种别具一格的销售方式，使其经营更富有人性化，因此将顾客拉得更近。

小贴士

创意无限，一些看似平常的小事，往往可能隐藏着很好的创意，创意的关键是找好切入点，以满足人的某种需求为本。宜家立足于照顾顾客的感觉和体验，创办了方便顾客的出售形式。这种方法的精髓就在于，首先要盯住目标顾客，了解目标人群的心理，想他人之所想，解他人之所难，从中赚取合理的费用；其次服务要周到，尽量满足目标人群的需要。

留心生活中的创意

C·克鲁姆是美国印第安人，1853年，克鲁姆在萨拉托加市的高级餐馆中担任厨师。一天晚上，来了位法国人，他吹毛求疵，总挑剔克鲁姆的菜不够味，特别是油炸食品太厚，无法下咽，令人恶心。克鲁姆气愤之余，随手拿起一只马铃薯，切成极薄的片，骂了句便扔进了沸油锅中。结果炸好的土豆片好吃极了，他自己也品尝了几片，确实香酥可口。不久，这种金黄色的、具有特殊风味的油炸土豆片，就成了美国特有的风味小吃而进入了总统府，至今仍是美国国宴中的重要食品之一。

1973年，15岁的C·格林伍德收到别人送他的圣诞节礼物——一双冰鞋。

他兴奋异常，马上就到屋外结冰的小河去溜冰，结果不到几分钟便跑了回来，因为外面太冷，耳朵受不了。回来戴上皮帽子再出去，一玩起来就满头大汗。

他终于琢磨出一个办法，请妈妈照他的意思缝了一副棉耳罩，两耳各套一个，十分方便实用。不久很多人都来找小格林伍德要。小格林伍德和妈妈一商量,索性把祖母请来,一起做耳罩,公开出售。后来格林伍德为耳罩取了名字叫"绿林好汉式耳套",并申请了专利。

他很快成了世界耳套生产厂家的总首领,并成了百万富翁。

鸡尾酒是今天社交中不可缺少的名贵饮料,它诞生在韦斯切斯特州的一个小菜馆中。

鸡尾酒的发明权应属于B·弗兰纳根,她是一名普通的女招待。

当时一群军人在狂饮,他们不时大喊着:"酒!酒!"弗兰纳根忙得不可开交,而搅拌酒的木棍又丢了。于是她急中生智,从邻居处拿来一把鸡毛,放在每只酒杯中一根,端了上去,请军官自己搅拌。一个法国军人感到很新鲜,大呼一声:"为鸡毛万岁干杯!"——于是鸡尾酒问世了。

小贴士

三个故事分别讲述了在我们生活中司空见惯的三种事物的发明来历,让我们领略了"小事并不小"这句话的内涵所在。只要你留心,发明创新也可以与你挂上钩。

机遇就在细节之中

日本有一种"超级旅馆",虽然名曰"超级",实际上它的外观就是一般公寓,没有旅馆应有的气派和豪华的装饰,就是在服务项目上,也比一般的旅馆少许多,然而生意却十分兴隆。这其中肯定有一些奥秘。

走进超级旅馆,只要把住宿费用放进住宿自动登记机,机器就会送出一张印有房间号码和4位数暗码的收据,这个暗码代替了房间的钥匙。房间里没有电话,没有冰箱,电视是投币式的,所以要离开旅馆的时候,不需要再付任何费用,也不用办理任何手续。

旅馆房间里不设电话,因为有住宿旅馆经验的人,都知道如果在房间里打电话,在结账时要多付三成的费用,所以大部分的住宿客人都到旅馆大厅打公用电话,而且持有移动电话的人也越来越多。基于以上考虑，超级旅馆的房间里没有装设电话，这样不但节省电话装设费用，还一并省下了退房的手续。

超级旅馆的董事长山本梁介，原来专门经营建公寓的建筑公司，他把营建公寓的思路，淋漓尽致地发挥在旅馆经营业中。例如，提高清扫人员的效率和速度，从平均一个小时打扫5个房间，提升为6到7个房间；把牙刷和香皂等洗浴用品放在床铺旁的小桌上，而不是放在浴室里，因为根据他个人的观察，有两成的客人不会使用备用的卫浴用品，但放在浴室洗手台上很容易沾湿，即使未经使用，一经沾湿还是要丢掉，所以干脆改变放置的地点。山本梁介认为，只要充分提供旅馆业的三大基本要素——"安全、清洁、舒适"，其他不必要的服务都可以一概免除，这样做才能大幅降低住宿费用。

超级旅馆的单人房，附加早餐，一个晚上只要4800日元，是一般行情的半价，对于想节省出差费用的商业人士而言，这无疑是一种福音。

旅馆业的经营方式，向来都是不断增加服务项目，住宿费用当然也随之水涨船高，而山本梁介却反其道而行之，取得了良好的效果。

小贴士

发现细节的能力，是成功不可或缺的因素之一。超级旅馆的经理只是在一些细节问题上对旅馆做了处理，就取得了如此良好的效果。善于抓住隐藏在生活中的细节，发现别人虽然看到却并未关注的东西，当然也就比别人多了很多成功的机会。我们对于平日司空见惯的东西，不妨换个角度去想想，也许机遇也就这样来到我们身边。

迪克森的绷带

创可贴在生活中是一种很实用的东西。

说起来，创可贴的发明真是体现了爱心的一个创造。它的发明者是埃尔·迪克森——一位在生产外科手术绷带工厂工作的先生。20世纪初，迪克森先生刚刚结婚，他的妻子是一位娇巧的美人，可这位年轻的太太对于居家过日子还不太熟悉，她常常在做饭时切着或烫着自己。迪克森先生由于工作原因，当然能够很快为她包扎好，但他想，要是能有一种自己就能包扎的绷带，在太太受伤而无人在家的时候，就不用担心她自己包扎不了了。

他想，如果把纱布和绷带做在一起，就能用一只手包扎伤口。他拿了一条纱布摆在桌子上，在上面涂上胶，然后把另一条纱布折成纱布垫，放在绷带的中间。但是有个问题，做这种绷带要用不卷起来的胶布带，而暴露在空气中的粘胶时间长了表面就会干。

后来他发现，一种粗硬纱布能很好地解决这个问题，于是他完成了这项实验。当迪克森太太又一次割破手时，就自己揭下粗硬纱布，用她聪明的丈夫发明的绷带贴在伤口上。

当公司了解了他的小发明时，就非常愉快地将这种绷带作为公司的新产品。这种绷带一直到 1920 年还没有商品名称，只是销售产品。后来工厂主管凯农先生建议用 Band-Aid 这个名称，其中 Band 指的是绷带，而 Aid 是指用于急救和手术的绷带产品，后来也成了绷带的同义词。

迪克森先生出于对妻子的爱而发明的这种小东西，就是现在几乎家家必备的邦迪牌创可贴。

小贴士

在人生的道路上，所有的人并不站在同一个场所。有的在山前，有的在海边，有的在平原边上，但是只要你从开始迈步时便处处留心，你总有一天会站得比别人直，像发明创可贴的埃尔·迪克森一样，捡起你身边的鹅卵石吧，它们就是你最需要的珍宝。

亚当斯改进电池

早在 16 世纪中叶，意大利的沃尔塔发明了传统的化学反应电池。方法是把银片和铜片浸入水中，向水中加金属盐，连接两个金属片的电线就会产生出电流。但这种方法也有缺点，它产生的电流不够稳定。

到了20世纪30年代末，美国发明家伯特·亚当斯决心对这种电池革新改进。他产生了一个大胆的设想：只用水做介质，以消除这些弊病。他用镁做阳极，用氯化铜做阴极，用水做介质就可以产生电流，但电流太微弱了。小小的电流表上的指针总是做不出较大的摆动，这令亚当斯心灰意冷。

但亚当斯却是一个坚忍不拔的人，他仍然顽强地将实验继续下去。同时，他也是一个烟瘾很大的人，总是烟卷不离手，烟灰不断洒落地上，即使是在搞实验时，也是如此。

他坐在家中的旧椅子里，焦急地注视着火炉上的坩埚，熔化的金属冒着火焰，照亮了阴暗的房间。坩埚中的混合物发出一股呛人的怪味，又一埚氯化铜要炼好了，可是正在这时，亚当斯手中烟卷长长的烟灰落到坩埚里了。"糟了，脏了！"亚当斯怀着侥幸心理做好了电极，并把它装到捡来的婴儿罐头盒中。当他把自己的土电池加上水，接上电流表之后，电流表的指针却猛然跳了起来，盼望已久的大电流终于出现了。"得到了！得到了！"亚当斯用力摇醒妻子，以致妻子艾玛以为他被烫着了。

事后亚当斯分析，一定是烟灰中含的碳产生了作用。他于是在合金中加入各种含碳物质进行试验，包括木炭、硬煤，甚至食用糖。每天夜里艾玛都周期性地被七八个在黑暗里闪烁的灯泡和慌忙起身的亚当斯吵醒。最后，这种水介质电池终于研究成功了，它可以仅仅加水就能长期使用，而且输出的电流稳定，具有广阔的使用前景。1940年左右，亚当斯申请并取得了美国专利。

小贴士

人类的发明创造，大都是有目的、有计划的行为，是靠无数次的试验和丰富的实践经验取得的，这之间可能经历了无数次的挫折和失败。但是，在特定的情况下，也偶有自然天成的例子，水介质电池的发现即属此类。然而，即使这种偶发现象的背后也有着某种必然条件，可以设想，如果不是亚当斯，不是他那一不小心掉落的烟灰，能不能发明水介质电池还很难说。应该说，天遂人愿，人应天理，两者不可或缺，"理"不到，事不成。

帕克的发现

一位名叫帕克的自由撰稿人有一年去一个山谷采风,在养蜂人家中他吃到了一种名叫"杀人蜂"的蜜蜂的蜂蜜,这种蜂蜜看起来很稀,但味道很甜。这个小小的发现让帕克兴奋不已,帕克突然想到:"杀人蜂蜂蜜,是圣诞节、情人节和庆贺生日时的最佳礼品。如果经营这项事业,肯定能够成功!"

让帕克产生这个创意,一是因为蜂蜜味甜,二是因为曾有报刊大肆就杀人蜂做文章,"杀人蜂席卷得克萨斯"之类的惊呼让很多美国人对这种外来的蜜蜂既熟悉又陌生。

回家后,帕克马上着手策划新事业。他聘请了一位艺术家设计装蜜的瓶子,同时找到了一位做过生意的合伙人。不多久,这种蜂蜜就上市了,很快就销售一空。帕克也因此而迈入富人阶层。

小贴士

机会是那些在纷纭世事之中的许多复杂因子,在运行之间偶然凑成的一个有利于你的空隙。发明创造的历史表明,奇迹往往就在那些细节中,凡是你认识到的就要及早把握,一旦错过,成功就会将你抛在月台上。

小事情里有大发现

美国发明家斯坦·梅森发明了一种颇为实用的,能使食物处于最佳受热烹饪位置的炊具。要制造这种炊具,首先得找到微波炉内各处的"热点"。为了解决这个难题,梅森将一层层放有玉米粒的隔板放进微波炉,然后观察哪些地方的玉米粒先爆成玉米花。通过长时间的不懈努力,梅森终于发现了微波炉内的"热点分布模式":它们不在入口,也不在中央,而是呈一种蘑菇云状。根据这一点,梅森发明了适合这种模式的烹饪盘。

有一位教授洗完澡后,拔下澡盆的活塞放水。他无意中发现水流在排水口形成了旋涡,是向左旋的。这件不起眼的事激发了他的好奇心。他又在其他器具上做实验,并且观察河流中的旋涡,结果发现它们都是向左旋的。教授于是联想到,这种现象大概与地球自转的方向有关。果然,在南半球国家,孔道水流的旋涡是右旋的;而赤道地区的孔道水流并不形成旋涡。最后,这位教授总结出了孔道流水的规律,提出一种新观点,这在研究台风等方面具有很好的实用价值。

一些不起眼的小事中,往往蕴藏着大规律。许多科学上的重大发明都是由一些"司空见惯"的小事触发的。

小贴士

在生活中,每天都有成千上万的小事落在我们的手心里,各式各样的小机会每天都会发生,有些机会看似微不足道,以至于我们常常视而不见,等到错过它后,我们才意识到它的珍贵,而这时它已随着时光的波浪流向茫茫大海中,变成不会孵化的蛋了。因此要抓住一些不起眼的小事,在司空见惯的事情中寻找机会。

第七辑 创新就是要敢于异想天开

第七辑　创新就是要敢于异想天开

国王的法令

古印度有个国王，一次想处死一批囚徒。那时候，处死囚徒的方法有两种：一种是用刀砍头，一种是用绳绞死。这个国王忽然升起一个奇怪的念头："我要戏耍一下这些囚犯。对了，让他们自己去挑选一种死法，看他们说些什么。这一定是很有趣的事儿。"

国王想到这里，就派人向囚徒们宣布道："国王陛下有令——让你们任意挑选一种死法，你们可以任意说一句话，——如果说的是真话，就绞死；如果说的是假话，就杀头。"

这样的法令真是太奇怪了。可是，这批囚徒的命掌握在国王的手里，无论如何都是一死，也就顾不得多想，都很随意地说了一句话。结果，许多囚徒不是因为说了真话而被绞死，就是因为说了假话而被砍头；或者是因为说了一句不能马上检验是真是假的话，而被看成是说了假话砍了头；或者是因为讲不出话来而被当成说真话而绞死。

国王看到他们一个个被处死，很开心。

在这批囚徒中，有一个很聪明的人，当轮到他来选择死法时，他忽然巧妙地对国王说："你们要砍我的头！"

国王一听，感到好为难，如果真的砍他的头，那么他说的就是真话，而说真话是要被绞死的；但是如果要绞死他，那么他说的"要砍我的头"便成了假话，而假话又是应该被砍头的，但他却说的又不是假话。他的话既不是真话，又不是假话，也就既不能绞死，又不能砍头。

国王只得挥挥手说："那只好放他一条生路了。"

那个囚徒因他自己的那句话而得以重生。

小贴士

既然真话、假话都说不了，那就说一句不真不假的话吧。那个囚徒办到了，他得以从国王的手下死里逃生。如果所有的道路都无法走通，那就走出一条新路吧，危机中正是创新的好时机。

不要跟着别人走

查朱原来是美国一个乡下小火车站的站员。由于他所在的那个车站地处偏僻,购物困难,而且价格偏高,附近的人们常常要写信请在外地的亲友代买东西,非常麻烦。查朱想:如果能在附近开一个店铺,一定会得到一个发财的机会。可是,他既没有本钱,也没有房子,怎么办呢?他决定尝试用一种新的无人知晓的邮购方法,即先将商品目录单寄给客户,然后按客户的要求寄去商品。他雇了两名职员,成立了"查朱通信贩卖公司"。此后,人们纷纷仿效,并从美国风靡到全世界,查朱也成为"无店铺贩卖"方式的创始人,当然,作为创始人的回报就是在五年之后,查朱成为百万富翁。

"851"是杨振中的姐姐杨振华教授开发的超级营养液。1988年,杨振华舍弃了"铁饭碗"到乡镇筹办的首家生物工程工厂,决心为科技成果转化为生产力探索一条新路。当年,她领导的工厂就成功地生产出全国第一罐"851"口服液。正当"851"风靡全国,产品销售兴旺时,杨振华却警觉地预测到产品走下坡路的趋势。于是,她一头扎进调查市场、开发新产品的工作中,开发了"851"浓缩口服液、胶囊、营养精、可乐等8种系列新产品,全年总产值达到2000多万元。1992年,全国市场疲软,但杨振华的工厂却能一枝独秀,她的成功,离不开她自己另辟蹊径的经营。

小贴士

走众人走过的路注定只能成为普通人中的一员,要想从众人中脱颖而出,就必须走出一条属于自己的路,这才是成就大事业的根本。

突破常规思维

亨利·兰德平日非常喜欢为女儿拍照,而每一次女儿都想立刻得到父亲为她拍摄的照片。于是有一次他就告诉女儿,照片必须全部拍完,等底片卷回,从照相机里拿下来后,再送到暗房用特殊的药品显影。而且,在副片完成之后,还要照射强光使之映在别的相纸上面,同时必须再经过药品处理,一张照片才告完成。他向女儿做解释的同时,内心却在问自己:"等等,难道没有可能制造出'同时显影'的照相机吗?"对摄影稍有常识的人,在听了他的想法后都异口同声地说:"哪儿会有可能?"并列举一大堆的理由说:"简直是一个异想天开的梦。"但他却没有因受此批评而退缩,于是他告诉女儿的话就成为一种契机。最后,他终于不畏艰难地完成了"拍立得相机"。这种相机的作用完全依照女儿的希望,同时,兰德企业就此诞生了。

亨利·福特是一位了不起的人。直到 40 岁,他的生意才获得成功。他没有受过多少正规的教育。在建立了他的事业王国之后,他把目光转向了制造八缸引擎。他把设计人员召集到一起说:"先生们,我需要你们造一个八缸引擎。"这些聪明的、受过良好教育的工程师们深谙数学、物理、工程学,他们知道什么是可做的、什么是行不通的。他们以一种倨傲的宽容态度看着福特,好像在说:"让我们迁就一下这位老人吧,怎么说他都是老板嘛。"他们非常耐心地向福特解释八缸引擎从经济方面考虑是多么不合适,并解释了为什么不合适。但福特并不为之所动,只是一味强调:"先生们,我必须拥有八缸引擎,请你们造一个。"

工程师们心不在焉地干了一段时间后向福特汇报:"我们越来越觉得造八缸引擎是不可能的事。"然而,福特先生可不是轻易被说服的人,他坚持说:"先生们,我必须有一个八缸引擎,让我们加快速度去做吧。"于是,工程师们再次行动了。这次,他们比以前工作得努力一些了,时间也花得多了,也投入了更多的资金。但他们对福特的汇报与上次一样:"先生,八缸引擎的制造完全不可能。"

然而对于福特,在这位用装配线、每天 5 美元薪水、T 型与 A 型改良了工业的人的字典里,根本不存在"不可能"之说。亨利·福特用炯炯有神的目光注视着大家,说:"先生们,你们记住我的话,我必须有八缸引擎,你们要为我做一个,现在就做吧。"猜猜接下来如何?后来,他们竟然制造出了八缸引擎。

小贴士

"八缸引擎"是发明者标新立异的产物,却取得了很大的成功。在生活中往往就是这样,标新立异者常常能突破人们的常规思维,反向用计,在"奇"字上下工夫,拿出出奇的招数,赢得出奇的效果。

专为残疾人做服装

日本是个服装王国,而独立公司则是这个王国中一颗格外耀眼的明星。独立公司并不生产高档时装和名牌服装,但它与众不同,它是专门为伤残人设计和生产各种服装的,所以在日本服装业占据了一席之地。

独立公司的老板是一位名叫木下纪子的残疾妇女,过去经营过室内装修公司,而且在该行业颇有名气。可是就在她的事业蒸蒸日上的时候,一场意外的疾病——风湿给木下纪子以毁灭性的打击。她的左半身瘫痪了。痛苦、绝望深深地折磨着她,她觉得自己的事业再没什么希望了,甚至想到过自杀。但是当她从极度痛苦中摆脱出来冷静思考时,理智和意志战胜了一切:"必须振作起来,不能让这辈子就这样了结!"

然而,对于一个半身瘫痪的残疾人来说,要成就事业简直太难了。就拿每天必做的穿衣服这件极小的事情来说吧,而木下纪子都非常吃力要花上十多分钟或更长的时间。"难道就不能设计出一种让伤残人容易穿脱的服装吗?"一个全新念头浮现在她的脑海。一种要为和自己同样遭遇的人减少和解除不便的渴望重新燃起了木下纪子的事业心。

就这样,木下纪子根据自己的设想和以往的经营管理经验,创办了世界上第一家专为伤残人设计和生产服装的公司——独立公司,专门产销"独立"牌服装。取"独立"这个名字,不仅向人们宣告伤残人的志愿和理想,同时也说出了木下纪子自己的心声:要走一条独立自主的生活道路。这是一个强者的选择。

独立公司开张不久,生意就非常兴隆,因为它确实是抓住了一部分特殊人群的需要,填补了市场空缺。木下纪子设计的服装看上去很普通,根本不像伤残人穿的服装,而且有点儿像时装。对此,木下纪子有她的想法与见解。伤残人很容易失去信心和勇气,服装的款式、面料及色彩讲究一些,不但能使伤残人穿着方便,也能增强他们的自信心。更为重要的是,爱美之心人皆有之,伤残人也不例外,也想穿得漂亮一点!

木下纪子不仅是个意志坚强的女强人,而且是一位具有发展眼光的企业家。她要把"独立"牌服装打进国际市场。这一计划不但得到了日本政府的支持,同时还得到了国际友人的帮助。目前,木下纪子已与美国一家同行组成一个合资公司,在美国生产和销售"独立"牌服装。就连艾威琳·肯尼迪这位名门望族的后裔,也远道而来,与木下纪子洽谈合作事宜。为了扩大出口,日本政府还以政府的名义出面帮助木下纪子。在美国、加拿大和澳大利亚等国举办独立公司的大型展览会,通过这种展览、展销,独立公司在国外迅速名声大作,木下纪子的事业一步步走向了辉煌。

小 贴 士

生活的道路有千万条,大家都走的路,并不一定适合你。只有根据实际情况,探索新的规律,灵活运用多种方法,才能突破障碍,引领时代潮流。"独立"公司专为残疾人做服装的独特做法值得我们借鉴。

十万支箭三日完成

赤壁之战期间,周瑜嫉恨诸葛亮的才智超过自己而执意要除掉诸葛亮。千思万想,周瑜终于想出一个办法,想让诸葛亮钻进自己为他设计好的圈套。

周瑜把诸葛亮请来,向诸葛亮请教如何破曹之法。诸葛亮说在大江上作战,应以弓箭为好。此语正中周瑜下怀,于是以军中急需 10 万支箭作为进攻曹军的工具为由,要诸葛亮在十日内建造完成。这对诸葛亮来说是出了一个大难题,不接受这个任务,联吴抗曹连一点力都不出,实在说不过去。诸葛亮不得不接受任务,但要在十日内建造 10 万支箭,无异于天方夜谭。诸葛亮却胸有成竹，于是就立下军令状，以三日为限，保证在三日内完成10万枝箭的任务，如果完不成，甘受军法惩处。周瑜暗喜，三日建造10万支箭，根本不可能，十天能很完成就了不起了，这下诸葛亮可上钩了，到时完不成，军法可不留情。周瑜想到这儿，开怀大笑，认为一切如愿。周瑜暗地里吩咐鲁肃造箭所需用料不及时到位，让诸葛亮无米下锅，干着急去吧。然而，诸葛亮只吩咐鲁肃准备快船、草人及兵士30余人即可。所需要的原料一概不提，使得鲁肃丈二和尚摸不着头脑。一天、两天过去了，不见诸葛亮动静，鲁肃着急了，找到诸葛亮说，期限马上就到，你还不赶快开工，到时拿什么交差。诸葛亮却笑呵呵地请鲁肃到船舱内小酌，急得鲁肃不知如何是好。第三天江上起了大雾，诸葛亮命士兵乘雾色将船划至江中，猛敲大鼓，曹营以为吴兵乘雾色进攻，不知虚实，不敢出船应战，只能派士兵用弓箭御之。这样，10万支箭不费一工一料就装满了船，在雾还没有散去时，满载着10万支箭的船就返回了岸边。鲁肃因此而深深地佩服诸葛亮的超人思维和雄才大略。

小贴士

诸葛亮草船借箭的故事之所以千古传颂，就在于诸葛亮的智奇，奇到周瑜都意想不到。

拥有标新立异个性的伟大人物，从来都是相信自己、做事不退缩、勇敢而富有创造力的人，只有这些人，才能成就伟大的事业。

有创意的广告牌

某地一群农民，种植了大片西瓜。为了提高西瓜的质量，他们在引种、管理方面投入了大量人力、物力。因此，西瓜的成本偏大，价格就偏高，从而出现了销路不畅的问题。为了解决这项难题，经一广告公司策划，他们在靠近瓜地的国道旁竖起了一个巨大的稻草人，旁边立了一个广告牌，上书：

各位朋友：

第七辑 创新就是要敢于异想天开

稻草人真真向您汇报。这儿的瓜农太辛苦啦,他们白天干,晚上干,为的是西瓜的收获。来这儿的农业专家也不少,他们对瓜农们取得的成绩纷纷点头,并竖起了大拇指。为什么会赞许呢?因为这儿的西瓜特别甜,并且不含有毒成分。唯一一项缺点是,这儿的西瓜价格偏高。不过,您在品尝之后,会忘记这项缺点。不信,你试试看。

忠实的稻草人:真真

结果,因为这则广告的作用,这群农民的西瓜卖得热火朝天。

小贴士

很多事情不成功,往往就在于你没有想一条解决之路。这家广告公司的创意在于他们没有直接去揭示西瓜的质量和成本等情况,而是独具匠心地通过一个稻草人的口吻表达,新意十足。有时候就是这样,为了解决好问题,你必须独辟蹊径。

詹特斯的办法

1988年10月27日,秘鲁的一艘潜水艇在公海上被一艘日本商船撞沉。船长及其他6人在事故中当场死亡,24人逃离险境,还有22人随潜艇渐渐下沉。大家推举老船员詹特斯为临时船长,研究逃生办法。时间一分一秒地过去,有些人绝望了。詹特斯决定冒险——用发射鱼雷的方法将人一个个地发射出去。然而,这样做太危险了,人被发射后要承受巨大的压力,说不定还要留下终生难以治愈的"沉箱病。"这时潜艇已沉入海中33米,把人射出海面需要3秒,不能再犹豫了。詹特斯决定冒险,他告诉大家进入鱼雷弹道口前,尽量把肺内的空气排净,否则肺会像气球一样在发射中爆炸。结果,这22人中除一人脑出血外,都安全地返回了海面,死里逃生。

小贴士

在整个潜水艇船员都危在旦夕的时候,按照常规手段逃生已经来不

及了，怎么办？詹特斯独辟蹊径，用发射鱼雷的方法将船员一个个发射到水面上，可谓绝无仅有，但却取得了成功。其实，只要多动脑筋，多想办法，事情就会有转机。

畏惧变化就不会有突破

"我成大事的秘诀很简单，那就是永远做一个不向现实妥协而创意创新的叛逆者。"

这是美国实业家罗宾·维勒的原话。

当全美短筒皮靴成为一种流行时尚的时候，每个从事皮靴业的商家几乎都趋之若鹜地抢着制造短皮靴供应各个百货商店，他们认为赶着大潮流走要省力得多。

罗宾当时经营着一家小规模皮鞋工厂，只有十几个雇工。

他深知自己的工厂规模小，要挣到大笔的钱绝非易事。自己薄弱的资本、微小的规模，根本不足以和强大的同行相抗衡。那该如何在市场竞争中获得主动权，争取有利地位呢？

罗宾为自己列举了两条道路：

一是在皮鞋的用料上着眼。

二是着手皮鞋款式改革，以新领先。

经过一番深思熟虑，罗宾决定走第二条道路。

他立即召开了一个皮鞋款式改革会议，要求工场的十几个工人各尽其能地设计新款式鞋样。

为了激发工人的创新积极性，罗宾规定了一个奖励办法：凡是所设计的新款鞋样被工场采用，设计者可立即获得200美元的奖金；所设计的鞋样通过改良被采用，设计者可获100美元奖金；即使设计的鞋样不能被采用，只要其设计别出心裁，均可获100美元奖金。

同时，他即席设立了一个设计委员会，由五名熟练的造鞋工人任委员，每个委员每月额外支取100美元。

这样一来，这家袖珍皮鞋工场里，马上掀起了一股皮鞋款式设计热

潮，不到一个月，设计委员会就收到 50 多种设计草样，挑选采用了其中三种款式较别致的鞋样。同时立即召集全体大会，给这三名设计者颁发了奖金。

罗宾的皮鞋工场就把这 3 个新款式皮鞋试行生产。

第一次将每种新款式皮鞋制作 1000 双，制成后立即将其送往各大城市推销。

顾客见到这些款式新颖的皮鞋，立即掀起了一股购买热潮。

几个星期后，罗宾的皮鞋工场收到 2700 多份数量庞大的订单，这使得罗宾终日忙于出入各大百货公司经理室大门，跟他们签订合约。

因为订货的公司多了，罗宾的皮鞋工场逐渐扩大起来，3 年之后，他已经拥有 18 间规模庞大的皮鞋工场了。

不久危机又出现了，当皮鞋工场一多起来，做皮鞋的技工便显得供不应求了。最令罗宾头疼的是别的皮鞋工场尽可能地把工资提高，挽留自己的工人，即便罗宾出重资，也难以把其他工场的工人拉过来。缺乏工人对罗宾来说是一道致命的难关。因为他接到了不少订单，如无法给买主及时供货，这将意味着他得赔偿巨额的违约损失。

罗宾忧心忡忡。他又召集 18 家皮鞋工场的工人开了一次会议。

罗宾把没有工人可雇的难题告诉大家，要求大家各尽其力地寻找解决途径，并且重新宣布了动脑筋有奖的办法。

会场一片沉默，与会者都陷入思考之中，搜肠刮肚地想办法。

过了一会儿，有一个小工请求发言，罗宾嘉许以后，他站起来怯生生地说："罗宾先生，我以为雇不到工人无关紧要，我们可以用机器来制造皮鞋。"

罗宾还没来得及表示意见，就有人嘲笑那个小工。

那小孩窘得满面通红，惴惴不安地坐了下去。

罗宾却走到他身边，请他站起来，然后挽着他的手走到主席台上，朗声说道：

"诸位，这孩子没有说错，虽然他还没有造出一种造皮鞋的机器，但他这个办法却很重要，大有用处，只要我们围绕这个概念想办法，问题定会迎刃而解。"

"我们永远不能安于现状，思维不要局限于一定的桎梏中，这才是我们永远能够不断创新的动力。现在，我宣告这个孩子可获得500美元的奖金。"

经过几个月的研究和实验，罗宾的皮鞋工场的大量工作就已被机器取而代之了。

罗宾·维勒的名字，在美国商业界，就如一盏耀眼的明灯，他的成功，与他时时保持锐意创新的精神是密不可分的。

小贴士

"永远做一个不向现实妥协而创意创新的叛逆者"罗宾·维勒的这句话值得每一个青少年去珍藏。

一个畏惧变化的人永远没有超越和突破，要想改变自己的命运，必须启动自己的大脑，抓住时机，勇于去寻找新的捷径。

最优秀的推销主管

秋从推销员干起，一直做到了公司高层，和她善于动脑子做事有很大关系。

一次她坐飞机出差，不料却遇到了意想不到的劫机。度过了惊心动魄的八个小时之后，在各界的努力下，问题终于解决了，她可以回家了。就在要走出机舱的一瞬间，她突然想到在电影中经常看到的情景：当被劫机的人从机舱走出来时，总会有不少记者前来采访。

为什么自己不利用这个机会、宣传一下自己的公司形象呢？于是，她立即做了一个在那种情况下谁都没想到的举动：从箱子里找出一张大纸，在上面写了一行大字："我是××公司的××，我和公司的××产品安然无恙，非常感谢抢救我们的人！"

她打着这样的牌子一出机舱，立即就被电视台的镜头捕捉住了。她立刻成了这次劫机事件的明星，很多家新闻媒体都对她进行了采访报道。

等秋回到公司的时候，公司的董事长带着公司所有的人，都站在门口夹道欢迎她。原来，她在机场别出心裁的举动，使得公司和产品的名字几乎在一瞬间家喻户晓了。公司的电话都快打爆了,客户的订单更是一个接一个。董事长动情地说:"没想到你在那样的情况下,首先想到的竟然是公司和产品。毫无疑问,你是最优秀的推销主管!"董事长当场宣读了对她的任命书:主管营销和公关的副总经理。之后,公司还奖励了她一笔丰厚的奖金。

小贴士

世界上处处都有机会,关键看你能不能走出一条抓住机会的新路来。秋之所以取得成功,正因为她能从众人之中找到了一条新路。在别人都习惯于纵向切开苹果的时候,只有那个横切一刀的人能够发现苹果里面藏着一颗小星星。

聪明的画家

以前有一位国王,他缺手断腿,但好大喜功。国王很想将自己的尊容画下来,留给后代子民瞻仰,就请来全国最好的画家为他画像。那个画家的确是一流的,画得很逼真,栩栩如生,很传神,但是国王看了之后很生气,说:"我这么一副残缺相,怎么传得下去!"一怒之下就把画家给杀了。

国王又请来第二位画家,因有前车之鉴,第二位画家不敢据实画,国王看了之后更生气,说:"这个不是我,你在讽刺我。"又把他给杀了。

后来又请来第三位画家,第三位画家怎么办呢?写实派的给杀了,完美派的又给杀了。第三位画家想了好久,于是急中生智,画他单腿跪下闭住一只眼瞄准射击,把国王的优点全部暴露,把他的缺点全部掩盖。这幅画国王看了之后十分满意,还赏了他很多钱。

小贴士

第三个画家无疑更高明,他不但保全了性命,还得到了赏钱,这完全得益于创新。

如果你有创新的意识,一个小小的创意就能弥补事物的缺点,增加优点,从而取得成功。有时,创新还要取一个"巧"字。

勇敢离开的小鳄鱼

在夏日枯旱的非洲大陆上,一群饥饿渴乏的鳄鱼陷身在一片水源快要断绝的池塘中。较强壮的鳄鱼,已经开始吞食同类了,眼看物竞天择、强者生存的理论正在上演。

这时,一只瘦弱而勇敢的小鳄鱼,却决定离开快要干涸的水塘,迈向未知的大地。干旱持续着,池塘中的水越来越混浊、越来越稀少,最强壮的鳄鱼已经吃掉了不少同类,剩下的鳄鱼也难逃被吞食的命运。

池塘终于完全干涸了,唯一剩下的大鳄鱼也忍耐不了饥渴,他到死还守着他残暴的王国。

那只勇敢离开的小鳄鱼呢?

经过多天的跋涉,幸运的他竟然没死在半途上,最终在干旱的大地上,它找到了一处水草丰美的绿洲。

小贴士

在面临死亡危机的时候,明智的小鳄鱼决定冒险跋涉远行,最终它开辟了一片新的天地,而那些不肯改变的鳄鱼,最终都难逃一死。事实就是这样,要想获得命运的垂青,在任何时候都应该追求另辟蹊径。在成功者的殿堂中,大凡能登上一席之地的仁人志士,都是一些标新求异、不思安分者。

要创新而不是模仿

宝洁,即 P&G,是美国 PROCTE&GAMBLE 公司的简称,1837 年由从事酿造业的威廉·普罗克特和制造香皂的詹姆斯·甘波在美国俄州辛辛那提市创办。经过170多年的艰苦奋斗,发展成为目前世界上最大的日用消费品制造商和经销商之一。全球雇员十多万人,年销售额达数百亿美元,在全球最大500家工业公司中名列第三位。宝洁公司在数十个国家和地区设有工厂及分公司,所经营的数百个品牌的产品畅销140个国家和地区,其中包括食品及纸品、洗涤用品、药品、护发护肤品及化妆品等。1988年8月,经过广泛的市场调研和精心慎重的选择,美国宝洁公司、香港和黄埔有限公司、广州肥皂厂和广州经济技术开发建设进出口贸易总公司合作,共同创建了中美港合资广州宝洁有限公司。自公司成立后,仅用了一年多的时间,就先后生产出"海飞丝""玉兰油""飘柔"等国际名牌产品,行销中国内地20多个省市,出口香港、东南亚等地,深受消费者的欢迎。其中,"飘柔"洗发水是宝洁公司在中国市场推出的第一个品牌。除此之外,还有我们熟悉的"潘婷""护舒宝""碧浪""汰渍""舒肤佳"等家喻户晓的品牌。1994年,美国宝洁公司被评为全美10家最受尊敬的企业之一。

1996年,宝洁公司生产的"汰渍"洗衣粉成为中国市场洗衣粉销售量最大的品牌。"飘柔"洗发水则成为中国销量最大的洗发水。"舒肤佳"香皂更是后来居上,直逼老牌的"力士"和"夏士莲"。

作为世界老大级日用消费品生产商和销售商,宝洁在短短几年内成功地将它的众多知名品牌推广到中国的城市和农村,而广州宝洁公司又是怎样创造和保持着这骄人业绩的呢?除了严格保证其产品具有国际一流的过硬质量外,产品有特色也是其重要的原因。

宝洁最让人熟悉的是用了一个多世纪之久的品牌标志——一个人在月亮里,由13颗星星围绕着。13颗星星代表着北美洲的13个殖民地。

宝洁很早就发现,电视是其接触消费者的最有效途径,而电视广告并非娱乐,首要任务是有效地传递商品信息。宝洁的广告总是向顾客承诺一个重要的利益点,而且多是运用演示说明或者比较式表现。从文案创意到完成,宝洁的广告通常要经过四次测试。如果被邀请的消费者不满意,广告便可能被取消。

在广告公司眼中,宝洁是最大的"米饭班主",就在于宝洁是一个持续的广告主,即使在经济萎缩时期,宝洁都从未放弃过广告。大量的广告对宝洁的市场占有量起着举足轻重的作用。

宝洁的营销宗旨十分明确，即只要有宝洁品牌销售的地方，宝洁就要努力成为该市场的领导者。为了创建品牌，占有市场，宝洁在大量投放广告之余，亦很注重产品试用和抢先进入消费者生活的"第一步"。

早在1934年，宝洁就在美国成立了消费者研究机构，成为美国工业界率先运用科学分析方法了解消费者需求的公司。宝洁陆续建立起用户满意程度监测系统，了解各个国家的消费者对公司产品的反映，20世纪70年代成为最早用免费电话与用户沟通的公司。宝洁建立起庞大的数据库，把用户的意见及时反馈给产品开发部，以求产品的改进。

宝洁从1887年起从事基础研究，是世界上第一批进行基础研究的企业之一，这为宝洁的发展打下了坚实的基础。百余年来，宝洁的科学家和研究人员，一直致力如何改良产品，降低成本，形成宝洁产品的独特之处，从而建立起宝洁王国。

小贴士

宝洁的竞争优势能够持续保持，无疑是一项奇迹。事实上，宝洁的优势正是来源于它的特色，而特色则来源于创意，如果没有创意就意味着被淘汰，因为一味模仿他人的产品而没有创新，就等于自掘陷阱了。要想保持竞争力，你也要像宝洁一样，时时注重创新。

成功就是不断创新的过程

霍英东是香港著名的大富豪，他的成功之道就在于先行一步，"吃第一只螃蟹"。

他进入生意场的第一步是在香港鹅颈桥市场开的一家杂货铺。

第二次世界大战结束以后，他就卖掉了杂货铺，改做煤炭贩运生意。不久，他又和别人一起去东沙岛采集一种可以用来制药的海草。这些小生意锻炼了他的意志，并增加了他赚钱的经验。

20世纪50年代初期，香港的房地产市场刚刚兴起，霍英东慧眼顿开，他觉得发财的机会来了，立即设立了立信置业公司。同行之中的人都纷纷投来怀疑的目光，不知这个默默无闻的新手是不是神经错乱了。

他的第一招就令其他人刮目相看：在香港，房地产都是出售"整栋楼宇"，而霍英东使用的却是房地产工业化的办法，推行住宅与高层商厦结合的方式，并且采用"分层"销售、预定楼房、分期付款等新方法。同行一下子就觉得他的这种方法切实可行，纷纷效仿。仅仅几年时间霍英东就成为香港知名的房地产商人了。

正当其他房地产商人全力以赴进行"房地产"大战的时候，霍英东的心中又产生出了新的主意。他想，大家都在全力修建房屋，一定急需大量的沙子。他马上花重金到国外买回来了大型挖沙船。这种大型挖沙船20分钟就可以挖出2000吨沙子，沙船进港就近卸货，白花花的"银子"就到手了。很多人看到霍英东"发"了，急忙奋起直追……可是，此刻霍英东已经取得香港海沙供应的专利权了。

后面追兵很紧，霍英东心生一计：众所周知，香港的土地寸土寸金，填海造地大有前途。他觉得，这一招必须下快棋！

决心一定，他立即从荷兰、美国等地购买各种设备，放开手脚开始了香港规模最大的国际工程——海底水库淡水湖第一期工程。这一工程的开始，标志着外国垄断香港产业的格局被打破，霍英东也因此财源滚滚……

小贴士

霍英东创富的一生就是一个不断创新的过程。创新可以为你带来财富和名誉，更为重要的是，只有不断创新的人才能最大限度地实现自己的人生价值。

牧师的儿子

有一个著名的故事，可以明确地告诉我们什么叫另辟蹊径。

一个星期六的早晨，牧师在准备第二天的布道内容。那是一个雨天，

妻子出去买东西了，而小儿子又在吵闹不休，令牧师烦恼不已。

最后，这位牧师在失望中拾起一本旧杂志，一页页地翻阅，一直翻到一幅色彩鲜艳的图画——一幅世界地图。

他从那本杂志上撕下这一页，再把它撕成碎片，丢在地上，对儿子说："小约翰，如果你能拼拢这些碎片，我就给你1元钱。"儿子答应了。

牧师以为这件事会使儿子花费一上午时间，这样他就可以获得片刻的安宁了。没想到，不到10分钟，儿子就来敲他的房门了。牧师惊愕地看着儿子如此之快地拼好的那幅世界地图。

"孩子，这件事你怎么做得那么快？"牧师问道。

"那还不简单。在图画的背面有一个人的照片。我就把这个人的照片拼到一起，然后把它翻过来。我想，如果这个人是正确的，那么，这个世界也就是正确的。"

牧师笑了，给了儿子1元钱。"你也替我准备好了明天的布道。"他说，"如果一个人是正确的，那么他的世界也就会是正确的。"

牧师的思路是不错的。如果要把这些碎片拼成世界地图，确实需要大半天的时间。可是他儿子却发现了一条捷径，从而省力省功。这不能不算是一个小小的发明，这条捷径就叫作另辟蹊径。

小贴士

众人都走过的路，往往没有果子留下来，成功需要独辟蹊径，走别人未走过的路。传统的想法是创新的头号敌人。传统的想法会冻结你的心灵，阻碍你的进步，干扰你进一步发挥创造性能力。

第八辑 神奇的创意,丰厚的回馈

小男孩的创业史

有这样一个美国小男孩,父母在生活上对他要求很严,平时很少给他零花钱。8岁的时候,有一天他想去看电影,身上却分文全无。是向爸妈要钱还是自己挣钱?他第一次开始思考这样的问题。最后,他选择了后者。他自己调制了一种汽水,把它放在街边,向过路的行人出售。可那时正是寒冷的冬天,没有人购买,最后只等到两个顾客——他的爸爸和妈妈。

他偶然得到了和一个成功商人谈话的机会,当他对商人讲述了自己的"破产史"后,商人给了他两个重要的建议:第一,尝试为别人解决一个难题,那么你就能赚到许多钱;第二,把精力集中在"你知道的、你会的和你拥有的"东西上。

这两个建议很关键。因为对于一个8岁的男孩而言,他不会做的事情还很多。于是他穿过大街小巷,不停地思考:人们会有什么难题?如何为他们解决难题?这其实很不容易。好点子似乎都躲起来了,他什么办法都想不出来。但是有一天,父亲无意中激发了他的灵感火花。

一天吃早饭时,父亲让他去取报纸——美国的送报员总是把报纸从花园篱笆中一个特制的管子里塞进来。假如你想穿着睡衣,一边舒服地吃早饭,一边悠闲地看报纸,就必须先离开温暖的房间到房子的入口处去取报纸,即使在天气不好的时候也必须如此。虽然有时候只需要走二三十步路,但也是非常麻烦的事情。

当他为父亲取回报纸的时候,一个主意诞生了。当天他就挨个按响邻居的门铃,对他们说:每个月只需付给他1美元,他就每天早晨把报纸塞到他们的房门下面。大多数人都同意了,这个小男孩很快就有了70多个顾客。当他在一个月后第一次赚到一大笔钱的时候,他觉得简直是飞上了天。

高兴的同时他并没有满足现状,他还在寻找新的赚钱机会。经过一段时间的思考,他决定让他的顾客每天把垃圾袋放在门前,然后由他早晨送报时顺便运到垃圾桶里——每个月另加1美元。他的客户们很赞赏这个点子，于是他的月收入增加了一倍。后来他还为别人喂宠物、看房子、给植物浇水，他的月收入随之直线上升。

9岁时，他开始学习使用父亲的电脑。他学着写广告，而且开始把小孩子能够挣钱的方法全部写下来。因为他不断有新的主意，有了新主意就马上实施，所以很快他就有了丰厚的积蓄。他母亲帮他记账，好让他知道什么时候该向谁收钱。

随着业务的扩大，他必须雇佣别的孩子为他帮忙，然后把收入的一半付给他们。如此一来，钱便潮水般涌进了他的腰包。

一个出版商注意到了他，并说服他写了一本书，书名叫《儿童挣钱的250个主意》。因此，他在12岁的时候，就成了一名畅销书作家。

后来电视台发现了他，邀请他参加许多儿童谈话节目。他在电视里表现得非常自然，受到许多观众的喜爱。到15岁的时候，他有了自己的谈话节目，通过做电视节目和电视广告，他已经发展到日进斗金的程度。

当他17岁的时候，他已经成了百万富翁。

小贴士

人类的潜能是无穷的，可惜很多人的潜能都被不恰当的教育方式给淹没了。其实，只要你开动脑筋，勇于创新，多想一个主意，就能获得财富。

药剂师的创意

大约100年前的一天，一个年老的乡下医生驾着马车到一个小镇，把马拴住，小心翼翼地从后门溜进一家药房，和药房一位年轻药剂师做一桩生意。

在药品柜台后面，这位老医生和药剂师交谈了足足一个多钟头。然后，年轻人跟着老医生走向马车，带回来一个老式的铜壶、一片木制橹状的大木板（用来搅动壶里的东西），并把它放在药店的后面。

年轻人检查那只老铜壶后,手伸入贴身的袋里,取了一卷钞票交给老医生。这卷钞票是年轻人当时全部的积蓄——500美元。而老医生交给年轻人一片写着秘密工艺的小纸片。

铜壶里面有一种可以令人生津解渴的饮品,而它的制造方法就写在老医生交给年轻人的那一张纸上面。这方法是老医生的创意——他那想象力的产品。

年轻人对老医生的创意有极大的信心,知道它可以成为受人欢迎的饮品,于是他倾全部的积蓄,将这创意买下来。

没多久,年轻的药剂师运用他的想象力,将一种秘密成分加进这古老铜壶内的饮品里。他这一创意,令铜壶里的饮品甘美无比,难以比拟。

因为老医生与年轻药剂师的想象力,因为他们的创意,使这个古老铜壶就像阿拉丁神灯一般,有无法估计的金子流出,历经100年而不衰。

这个铜壶里面的饮品,经过年轻药剂师的秘密处方,便成为一种著名的饮料,它就是你一定喝过的可口可乐。

小贴士

很多时候,一些人想到了一些极好的创意,但是他们往往很不自信,不敢将这些创意公布出来,从而使自己默默无闻、平庸一生。其实,只要有创意,你不妨大胆地相信自己,把它讲出来,说不定会为你带来意想不到的惊喜。

戈伊祖塔的新战略

可口可乐公司杰出总裁——罗伯特·戈伊祖塔说过:"愿请世界上所有的人喝一杯可口可乐。"1954年,罗伯特·戈伊祖塔在古巴哈瓦那可口可乐公司的技术部门开始了他的职业生涯。1960年,他来到美国,进入可口可乐公司工作。之后数年中,戈伊祖塔从公司各部门不同的技术和管理岗位上不断地向上升迁,1980年他在公司有史以来最激烈的一次权力斗争中获胜,当上了可口可乐公司的总裁。

1980年，罗伯特·戈伊祖塔管理公司的可口可乐一片混乱，更危险的是从上到下都满足于现状，自我感觉良好，对竞争对手——百事可乐不屑一顾。罗伯特·戈伊祖塔决定改变这种现状，进行改革。1981年4月，戈伊祖塔在棕榈泉会议上发表了讲话。他严厉地指出："在可口可乐公司没有什么是不可改变的。如果可口可乐公司的主管们想看世界一流的销售，那就该去看看宝洁公司而不是我们自己的公司，我们的销售系统必须调整，要学会在冒险中求生存。苏打水的调制和橘子水的加工已经跟不上先进技术水平了，公司再不能有沾沾自喜的心态。一个不断追求成功的公司才是能够享受成功的公司。"他接着说："这仅仅是给大家举例说明，告诉大家什么叫改革。否则，我们的任何产品在竞争激烈的市场上都将站不住脚。那种一成不变、墨守成规的原则，它从未能给竞争带来动力和活力。"这次讲话大大震动了可口可乐公司的全体员工。在5天的会议中，大家讨论了可口可乐公司20世纪80年代的战略规划，规划分为"我们的挑战""我们的业务""我们的消费者""我们的股东""我们的基本任务""我们的员工"六大部分。这次会议是一个伟大的开端，激发全体员工励精图治、开拓创新，同时推动了可口可乐公司的新发展。

罗伯特·戈伊祖塔接手可口可乐公司后，告诫他的经理们，不要过多地将注意力集中在与百事可乐的竞争上，而应放在应付不断扩大的市场所带来的更大的挑战上，并努力提高人均消费量，以扩大可口可乐的总销售量。

为此，可口可乐公司在欧洲见缝插针，在捷克、波兰、匈牙利、德国、英国、法国、比利时、荷兰投资扩大罐装业的规模并巩固其成果。之后，戈伊祖塔利用1996年亚特兰大奥运会的契机占领了委内瑞拉市场，该市场是南美大陆百事可乐的最后"堡垒"。与此同时，他也没有忽视在东南亚和中国的广阔市场。

在戈伊祖塔担任首席执行官的十多年中，创造了令人咋舌的奇迹，他将可口可乐的股票市值由43亿美元提升至1 470亿美元，收益由48亿美元提升至185亿美元，净收益由5亿美元提升至35亿美元，其相应的资产收益率由20%提升至60%。戈伊祖塔使可口可乐公司成为百年历史上最成功的公司之一。

第八辑　神奇的创意，丰厚的回馈

小贴士

一个企业，如果没有了创新的活力，那么它离破产的那一天也就不远了。可口可乐公司之所以取得如此辉煌的效益，和杰出总裁罗伯特·戈伊祖塔的创新精神是分不开的。从某种意义上说，有了创新，就有了财富。

情侣苹果

腊月里的北京，着实寒冷。某电影院门口，一对老夫妇守着几筐苹果叫卖着。或许因为怕冷，大家多是匆匆而过，生意十分冷清。不久，一位教授模样的中年人看见这一情形，上前和老夫妇商量了几句，然后走到附近商店买来一些红彩带，并与老夫妇一起，将一大一小每两个苹果扎在一起，高声叫卖道："情侣苹果，两元一对！"年轻的情侣们甚觉新鲜，买者猛增，不大一会儿，苹果就卖完了。

以"情侣"为促销主题是不少商家赚钱的诀窍。爱情是人类社会的永恒主题。在商家眼里，爱情题材的商机是一条赚钱的"金光大道"。"情侣表""情侣装""情侣套餐"以及各类刻有"心心相印"图案的玉器珠宝等，无不体现商家在博取情侣欢心方面的良苦用心。还有"爱情酒吧""情人咖啡厅""情侣座"，也让擅做爱情文章的餐饮业老板赚足了钞票。电影院、歌舞厅也大都开设情侣包厢，虽说票价比普通的高出许多，但热恋中的男女并不会因此望而却步。就连MP3也推出双语音插孔，号称"情侣装"。将这一题材发挥到极致的，是快速消费品行业。最新的一个案例：饮料分男女，就是"他"和"她"。该广告攻势凶猛，效果也十分明显，其背后的科学依据是否成立已经无关紧要了。

小贴士

以"情侣"这个浪漫的字眼包装商品，使商品也染上浪漫的特色。这种创新不仅极具特色，而且带来极大的经济效益。

一切创新活动都是以创新思维为先导,并且伴随着创新思维推动创新实践活动的。面对日新月异的信息时代,只有创新才能在激烈的竞争中立于不败之地,才能不断地延伸成功,才能更好地生存与发展,才能在创业的道路上走得更远。

犹太父子的生意之道

在奥斯维辛集中营,一个犹太人对他的儿子说:"现在我们唯一的财富就是我们的智慧,当别人说一加一等于二的时候,你应该想到大于二。"德国纳粹在奥斯维辛集中营毒死5万多人,这父子两人却活了下来,不知道是因为侥幸,还是因为他们"一加一大于二"的信念。

1946年,他们来到美国,在休斯敦做铜器生意。一天,父亲问儿子一磅铜的价格是多少。儿子答是35美分。父亲说:"对,整个得克萨斯州都知道每磅铜的价格是35美分,但作为犹太人的儿子应该说是3.5美元。你试着把一磅铜做成门的把手看一看。"

20年后,那位父亲死后,儿子独自经营铜器店。他做过铜鼓、瑞士钟表上的簧片、奥运会的奖牌。他曾把一磅铜卖到3500美元,不过,这时他已是麦考尔公司的董事长了。

然而真正使他扬名的,并不是他的铜器,而是纽约州的一堆垃圾。

1974年,美国政府为清理"自由女神"翻新时扔下的废料,向社会广泛招标。由于美国政府出价太低,有好几个月没人应标。正在法国旅行的他听说了这件事,立即乘飞机赶往纽约。看过自由女神像下堆积如山的铜块、螺丝和木料,他喜出望外,未提任何条件,当即就揽了下来。

许多人为他的这一愚蠢举动暗自发笑,因为在纽约州,对垃圾的处理有严格的规定,弄不好就要受到环保组织的起诉。就在一些人要看这个犹太人笑话的时候,他开始组织工人对废料进行分类。他让人把废铜熔化,铸成小自由女神像;把水泥块和木料加工成底座;甚至把从自由女神身上扫下来的灰渣都包装起来，出售给花店。不到三个月的时间，他使这堆废料变成了350万美元，使每磅铜的价格整整翻了1万倍。

小贴士

每一个人身上都蕴藏着无限的潜在创新力，问题是看你如何认识"我能创新"这一点。创新力的开发受后天的诱导，特别是本身努力的程度和方式不同而出现很大的差异，只要认真培养与开发自己的创新力，就有可能收到意外的效果。

会看家的毒蛇

有个人有一个奇特的爱好，他喜欢饲养毒蛇。开始他只是养着玩玩而已，后来他发现邻居家的羊常常不翼而飞，而自己家中的羊却因有毒蛇在旁无人敢动。这使他联想到城里许多居民每年要有一段时间合家外出旅游，窃贼则趁此机会进入无人之境，将财物洗劫一空。那人想：我何不为他们养些看家护院的毒蛇，让他们安心外出旅游呢？于是他的"毒蛇租赁公司"很快开业了。当外出旅游的人们向他租毒蛇时，他就将一条填饱肚子的毒蛇放入空宅，并收100元的租金。此后他还在空宅四周挂上醒目的"警告牌"，牌上写着毒蛇的名字、年龄、毒性、咬后十步之内便倒下及倒地后的症状表现等，看了都令人不寒而栗。窃贼们自然望而生畏、退避三舍。如此一来，其生意自然更加红火，当年收入便在40万元以上。

没过几年，他就成为远近闻名的大富翁。

小贴士

毒蛇也能为你带来财富，这个看来有些不可思议的事情，却因为一个人的灵机一动而成为现实。事情就是这样，只要你在生活中时不时地灵机一动，你就能取得成功。

精通生意之道的青年

一个青年同别人一同开山,当别人把石块砸成石子运到路边,卖给建房的人时,他却直接把石块运到码头,卖给城里的花鸟商人。因这儿的石头总是奇形怪状,他认为卖重量不如卖造型。3年后,他成为村里第一个盖起瓦房的人。

后来,不许开山,只许种树,于是这儿成了果园。漫山遍野的鸭梨招徕八方客商,他们把堆积如山的梨子成筐成筐地运往北京和上海,然后再发往韩国和日本。因为这儿的梨,汁浓肉脆,纯正无比。

就在村里的人为鸭梨带来的小康日子欢呼雀跃时,卖过石头的年青人卖掉果树,开始种柳。因为他发现,来这儿的客商不愁挑不到好梨子,只愁买不到盛梨子的筐。5年后,他成为村里第一个在城里买房的人。

再后来,一条铁路从这儿贯穿南北,小村对外开放,就在一些人开始集资办厂的时候,还是那个年青人,在他的地头砌了一垛3米高、百米长的墙。这垛墙面向铁路,背依翠柳,两旁是一望无际的万亩梨园。坐车经过这儿的人,在欣赏盛开的梨花时,会突然看到四个大字:可口可乐。据说这是五百里山川中唯一的一个广告,那垛墙的主人凭这垛墙每年有4万元的额外收入。

20世纪90年代末,日本丰田公司亚洲区代表山田信一来中国考察,当他坐火车路过这个小山村时,听到这个故事,他被主人公罕见的商业化头脑所震惊,当即决定下车寻找这个人。

当山田信一找到这个人的时候,他正在自己的店门口与对门的店主吵架,因为他店里的一套西装标价800元的时候,同样的西装对门标价750元,他标价750元的时候,对门就标价700元。一月下来,他仅批发出8套西装,而对门却批发出800套。

山田信一看到这种情形,非常失望,以为被讲故事的人欺骗了。当他弄清真相之后,立即决定以百万年薪聘请这个年青人,因为对门的那个店也是他的。

第八辑　神奇的创意，丰厚的回馈

小贴士

　　有了创新思维，并能够运用的人，他的身价一瞬间就价值百万了。其实他的身价又何止百万，应用创新思维，你能为自己带来无法衡量的财富。因此，多动脑、多创新，你离成功就不会远了。

磨坊主的儿子

　　很多年前，美国穿越大西洋底的一根电报电缆因破损需要更换，这则消息平静地传播在人们之间。但是一位不起眼的珠宝店老板却没有等闲视之，毅然买下了这根报废的电缆。

　　没有人知道这位老板的企图，认为他一定是疯了，大家都以异样的目光惊诧地关注着他。

　　他呢？关起店门，将那根电缆洗净、弄直，然后剪成一小段一小段的金属段，然后装饰起来，作为纪念物出售。

　　大西洋底的电缆纪念物，还有比这更有价值的纪念品吗？

　　这样他轻松地发迹了。没过多久他又买下了日本皇后的一枚钻石。淡黄色的钻石闪烁着稀世的华彩。人们不禁问：他是自己珍藏，还是抬出更高的价位转手。

　　他不慌不忙地筹备了一个首饰展示会，观众当然都是冲着日本皇后的那枚钻石而来的。

　　可想而知，渴望一睹皇后钻石的参观者会怎样蜂拥着从世界各地接踵而至。

　　他几乎坐享其成，毫不费力就赚了大笔的钱财。

　　他就是美国后来赫赫有名、享有"钻石之王"美誉的查尔斯·刘易斯·蒂梵尼，一个磨房主的儿子。

小贴士

　　查尔斯·刘易斯·蒂梵尼的成功就在于当别人都这样想的时候，他却能想得更独特。这就是创新。

如果摩肩接踵的道路走不通，不如走一条尚没有人走过的路，这就需要你具备一定的创新精神。有了创新，就有了成功的出路。

怎样画出最多的马

有一位画师收了几个徒弟，为了测试徒弟们的天赋，画师给他们出了一道考题，让他们用最简练的笔墨画出最多的马。结果当答卷交上来时，画师发现，几个徒弟的画法有很大的差异。

几个徒弟在纸上画了大量的圆点，用圆点表示马……但画师看过这些画后失望地摇了摇头。因为这几幅画的思路是一样的，即尽可能画更多的马，但纸上无论画多少，都是有限的。只有小徒弟的画最特别：他画了一条弯弯的曲线表示山峰和山谷，画上有一只马从山谷中走出来，另一只马只露出一个头和半截脖子。画师看过这幅画后，欣慰地点了点头。

小贴士

任何有价值的事物都需要创新性，绘画当然更是如此，小徒弟的创意在于，他巧妙地利用一条画山峰和山谷的曲线将无限多的马隐藏起来，以"有限"画"无限"，极具创意。可以肯定地说，具有创新性的小徒弟会在绘画事业上创造辉煌，而其他人则可能一事无成。

不断创新的兰德

1926年，17岁的兰德还是哈佛大学一年级的学生。一天晚上，他走在繁华的百老汇大街，从他面前驶过的汽车车灯刺得他眼睛都睁不开。他突然灵机一动：有没有办法既让车灯照亮前面的路，又不刺激行人的

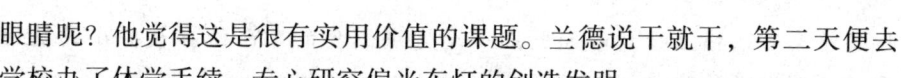

眼睛呢？他觉得这是很有实用价值的课题。兰德说干就干，第二天便去学校办了休学手续，专心研究偏光车灯的创造发明。

1928年，兰德的第一块偏光片终于制成了。他匆匆赶去申请专利，不料已有四个人申请了此项专利。他辛辛苦苦做出的第一项成果就这样白费了。三年后，经过改进的偏光片研制成功，专利局终于在1934年把偏光片的专利权给了兰德，这是他获得的第一项专利。

1937年，兰德成立了拍立得公司。有人把他介绍给华尔街的一些大老板，他们对兰德的才能和工作效率十分赏识，向他提供了37.5万美元的信贷资金，希望他把偏光片应用到美国所有汽车的前灯上，以减少车祸，保证乘车人的安全。

1939年，拍立得公司在纽约的世界博览会上推出的立体电影更是轰动一时。观众必须戴上该公司生产的眼镜才能入场，这又为公司赚了一大笔钱。

有一次，兰德给他的女儿照相。小姑娘不耐烦地问："爸爸，我什么时候才能看到照片？"这句话触动了兰德，经过多年的研究，他终于发明了瞬时显像照相机，取名为"拍立得相机"。这种相机能在照相60秒钟后洗出照片，所以又称"60秒相机"。

拍立得公司1937年刚成立时，销售额为14.2万美元，1941年就达到100万美元，1947年则达到150万美元，为10年前的10倍。"拍立得相机"投入市场后，使公司销售额从1948年的150万美元猛增至1958年的6750万美元，10年里增长了40倍。

然而兰德并没有就此停步，后来他又制造出一种价格便宜，能立即拍出彩色照片的新相机。兰德说："一个企业，不仅要不断地推出新产品，改善人们的生活，给人们带来方便，而且要考虑下一步该怎么办。这样，企业就不会停滞不前，将永远充满活力。"

当人们问兰德有什么成功奥秘时，他只是笑笑说："我相信人的创造力，它的潜力是无穷的，我们只要把它挖掘出来，就无事不成。"

兰德的辉煌人生正是得益于他非凡的创造力的馈赠。

小贴士

要想在财富的天空留下自己飞翔的痕迹，就必须开动脑筋，用创新

性思维为自己插上智慧的翅膀。一个充满创意的人总能在最微小的缝隙中寻觅到成功的踪迹。

笔的创新史

鹅毛笔是由古代的埃及人所发明，用力大些就可以把字的笔画写得粗些，轻轻用力就可以写得细些，蘸墨水后能较长时间持续书写，但用久了，笔尖会被磨秃，必须进行加工修整，这就很不方便。

1829年，英国人詹姆士·倍利成功地制出了钢笔尖。倍利的笔尖经过特殊加工，显得圆滑而富有弹性，书写起来相当流畅，但还必须蘸墨水书写。

以后，英国人布拉马用银制成笔杆，然后在笔杆里装进墨水，墨水从笔尖流出，布拉马不断改进，但这种被称作"自来水笔"的书写工具，总是不能很好地控制墨水，时常漏水，将纸面弄得一塌糊涂。直到1884年，美国人华特曼历经4年的辛苦努力，才发明了能自己控制出水的笔，也就是今天人们生活中常用的钢笔。

1888年，美国的劳比提出一种全新概念的笔。他在笔尖上装了一个滚动圆球，就是今天人们所说的"圆珠笔"的前身。但劳比的尝试失败了，一是圆珠滚动不灵写不出字，二是圆珠流出的墨水无法控制，会大量漏水而污损纸面。

直到1943年，匈牙利一个印刷厂，有一名叫拉兹罗·约瑟夫·比克的校对员找来一根圆管，装上油质颜料，把笔尖改成钢珠使书写流畅，于是，世界上第一支圆珠笔诞生了。

小贴士

笔的发明及改进的历程就是一个不断创新的过程，在人类历史中，通过"偶见""察因"和"联想"而实现、发现和发明的事例不胜枚举。正是这样一桩桩巧合的事情，使人类得以不断地进步发展。

第八辑　神奇的创意，丰厚的回馈

创新是企业的生命线

某市一个工厂投入2000多万元资金，组织科技人员经过一年多的攻关，开发了一种新产品。这种新产品在技术上确实是比较先进的，但由于成本太高，购买者寥寥无几，公司由此背上了沉重的包袱。事实上，很多成功的公司都是围绕着以"卖出去"为原则来进行技术创新的。海尔公司就奉行"公司技术创新最重要的是要有市场效果。"所以海尔在开发新产品时，都要认真研究来自用户的建议和意见，把用户的难题作为自己的科研课题，努力解决消费者的不满意点、遗憾点和希望点，把技术创新放在满足消费者的需求上，因而获得了良好的经济效益。比如"小小神童"洗衣机，就是从用户那里了解到夏天洗衣的"难题"后开发的，目前"小小神童"销售量已超过150万台。

杜邦是全球最大的化工公司，以生产尼龙、塑料等化工制品而著称。杜邦的总部在美国，它的销售额每年超过500亿美元。这家公司能够取得如此骄人的业绩，获得经营的成功，是与其不断围绕市场开拓，开发新项目，敢于投资搞科研紧密相关的。

杜邦公司现在拥有各学科的专家和工程师5000多名，在美国和全球设有50多个研究室。近年来，每年科研经费开支近10亿美元，1988年的开支近13亿美元，比上年增加5%。通常而言，其科研费用的开支约占其总销售额的4%左右。

虽然投入的科研经费庞大，同时进行的科研项目众多，但杜邦公司并非没有重点，从早期的尼龙、塑料到后来的光导纤维，每一项科研成果都有非常大的应用价值。

杜邦公司现在已将经营范围拓展到航天工业和汽车工业。目前正在推出航天工业所需的各种性能的零部件，这些零部件具有传统金属所无法具备的性能，它包括高强度、坚硬、轻质、耐腐蚀、易加工和保养等多种性能，是在该公司传统产品基础上推出的新产品。

杜邦公司已开发出一种叫维斯泊尔的超耐磨树脂，可以用于制造汽车空调系统的阀门。同时还研制出一种类似橡胶的塑料，能承受高温和振动，可以作为发动机的支撑部分的制作原料。

最近几年，杜邦公司还全力以赴研制开发电子产品，以发展电子新材料为主攻方向。其研制的一种塑料胶片，可以用激光构思设计电路板的复杂电路。这种产品投入生产后，将成为电子工业的一个具有强劲竞争力的项目。同时杜邦公司利用激光进行数据储存和通信的新材料开发，研制出一种可以将光束分成多组光束进入光导线路的材料。杜邦在食品包装和卫生保健方面的原料开发也取得了可喜成果。

在这些科研成果中，每一项都是为解决某种问题而被列入科研计划的。

小贴士

大到国家与民族，小到企业与个人，都需要创新才能够得到发展。海尔集团、杜邦公司的成功，正在于它们勇于创新、勤于创新、努力去占领市场以及引领潮流的做法，适应了企业发展的需求。

旅馆老板的智慧

在美国有一家三流旅馆，生意一直不是很景气。老板无计可施，只等着关门了事了。这时，老板注意到旅馆后面一块空旷的平地，想到了一个好主意。

次日，旅馆贴出了一则广告："亲爱的顾客，您好！本旅馆山后有一块空地，专门用于旅客种植纪念树。如果您有兴趣，不妨种下 10 棵树，本店为您拍照留念。树上可留下木牌，刻上您的名字和种植日期。当您再度光临本店时，小树定已枝繁叶茂了。本店只收取树苗费 200 美元。"

广告打出后，立即吸引了不少人前来，旅馆应接不暇。没过多久，后山树木葱郁，旅客漫步林中，十分惬意。那些种树的人更是念念不忘自己亲手所植的小树，经常专程来看望。一批旅客栽下了一批小树，一批小树又带回一批回头客，旅馆自然也就顾客盈门了。

第八辑　神奇的创意，丰厚的回馈

小贴士

要想成功，必须要有创意，在创意中成功，靠创意持续成功。只有拥有与别人不一样的想法才能脱颖而出，才能超越自己，超越对手。

白领的小册子

曾有一个搞金融工作的白领，立志要读金融研究生，三大部《中国金融史》几乎被他翻烂了，可是连考数年都未中。

然而，在这期间，不断有朋友拿一些古钱向他请教，起初他还能细心解释，不厌其烦。后来问的人实在太多了，他索性编了一本《中国历代钱币说明》，一是为了巩固所学的知识，二是为了给朋友提供方便。

这一年，他依旧没有考上研究生，但是他的那本《中国历代钱币说明》却被书商看中，第一次印了1万册，当年即销售一空。现在，他已经是"中产阶级"了。

无独有偶。一位华中师大的年轻教授，刚结婚不久，妻子就因为患类风湿性关节炎成了卧床不起的病人，生下女儿后，病情又加重了。面对长年卧床的妻子、刚刚降生的女儿和还没开头的事业，他矛盾重重。

一天，他突然想到，能不能把自己的研究方向定在儿童语言的研究上呢？从此，妻子成了最佳合作伙伴，刚出生的女儿则成了最好的研究对象。家里处处都是小纸片和铅笔头，女儿一发音，他们立刻做最原始的记载，同时每周一次用录音带录下文字难以描摹的声音。

就这样坚持了6年，到女儿上学时，他和妻子开创了一项世界纪录：掌握了从出生到6岁半之间几百万字的儿童语言发展原始资料。而国外此项纪录，最长只到3岁。1991年，他的《汉族儿童问句系统学习的探微》出版，在国外语言学界引起了震动，被《中国语言年鉴》誉为"关于儿童语言发展的奠基之作"。

此后，硕果累累：他和妻子合著的《父母语言艺术》出版；他主编的《聋儿语言康复教程》获奖；35万字的最新论著《儿童语言发展》，又被列入出版计划……

小贴士

创造力是上天赐予我们的最珍贵的礼物，它能给我们带来许多意想不到的惊喜。但是怎样发掘你的创造力呢？经验告诉我们：创造并非遥不可及，只要你处处留心，经常换个角度去试，你会发现我们的日常生活中处处充满创造的灵感，创造就在我们身边。

博览会的阁楼

在美国芝加哥举行了一场规模盛大的世界食品博览会上，世界各大厂家都将产品送去陈列。美国赫赫有名的罐头食品公司经理汉斯先生，当然也不例外，将自己公司的罐头食品送去参展。但令他失望的是，博览会的工作人员派给他一个会场中最偏僻的阁楼。

博览会开始后，前来参观的人络绎不绝，但是汉斯先生展览产品的阁楼却门可罗雀。这怎么办呢？汉斯想了半天终于想出了一个绝妙的办法。

在博览会开幕后的第二个星期，会场中出现了一种新奇的现象。前来参观的人常常从地上拾到一些小小的铜牌。铜牌上刻着一行字："拾到这块铜牌之人，就可拿它到阁楼上的汉斯食品公司换取纪念品。"

数千块小铜牌陆续在会场中被发现。不久，汉斯那无人问津的小阁楼，便被挤得水泄不通，会场主持人怕阁楼会坍塌，急忙请木匠设法加固。也就是从那天起，汉斯的阁楼，成了博览会的"名胜"，参观者无不急先前往，即使铜牌绝迹，盛况也未削减，直到闭幕。

不用说，汉斯的招数是够奇的，这一奇招，使他转败为胜，打了个漂亮的翻身仗。

法国某市的一个偏僻小巷被人们拥挤得水泄不通。

一位50多岁的男人，拿出一瓶强力胶水，然后拿出一枚金币。他在金币的背后轻轻涂上一层薄薄的胶水，再贴到墙上。不久，一个接一个的人都来碰运气，看谁能揭下墙上那枚价值5000法郎的金币。

小巷里的人，来来往往，最终没有任何人拿下那枚金币，金币仍牢牢地粘在墙壁上。

原来，那个男人是杂货店老板，由于他的商店位置偏僻，生意不景气，他便想出了一个奇妙的广告办法：用他出售的胶水把一枚价值5000法郎的金币粘在墙壁上，谁揭下来，那枚金币就归谁。

那天，虽然没有一个人拿下那枚金币，但是大家都认识了一种强力胶水，从此，那家商店的胶水供不应求。

小贴士

做生意需要创新才能在竞争中获得成功，这是一个人人都知晓的道理，但应该如何创新呢？故事告诉我们"出奇才能制胜"，"出奇"是一种很高明的创新，它抓住了大众的猎奇心理，往往能起到极佳的效果。创新贵在创"奇"。

第九辑　创新需要打破思维的定式

两家公司的不同策略

  有两家生产鞋子的公司，为了寻找更多的市场，两个公司都往世界各地派了很多销售人员。这些销售人员不辞辛苦，千方百计地搜集人们对鞋的需求信息，并不断地把这些信息反馈给公司。

  有一天，甲公司听说在赤道附近有一个岛，岛上住着许多居民。甲公司想在那里开拓市场，于是派销售人员到岛上了解情况。很快，乙公司也听说了这件事情，他们唯恐甲公司独占市场，赶紧也把销售人员派到了那里。

  两位销售人员几乎同时登上海岛，他们发现海岛相当封闭，岛上的人与大陆没有来往，祖祖辈辈靠打鱼为生。他们还发现岛上的人衣着简朴，几乎全是赤脚，只有那些在礁石上采拾海蛎子的人为了避免礁石硌脚，才在脚上绑上海草。

  两位销售人员一上海岛，立即引起了当地人的注意。他们注视着陌生的客人，议论纷纷。最让岛上人感到惊奇的就是客人脚上穿的鞋子。岛上人不知道鞋子为何物，便把它们叫作脚套。他们从心里感到纳闷：把一个"脚套"套在脚上，不难受吗？

  甲公司的销售人员看到这种状况，心里凉了半截。他想，这里的人没有穿鞋的习惯，怎么可能建立鞋市场？向不穿鞋的人销售鞋，不等于向盲人销售画册，向聋子销售收音机吗？他二话没说，立即乘船离开了海岛，返回了公司。他在写给公司的报告上说："那里没有人穿鞋，根本不可能建立起鞋市场。"

  与甲公司的销售人员的态度相反，乙公司的销售人员看到这种状况，顿时心花怒放，他觉得这里是极好的市场，因为没有人穿鞋，所以鞋的销售潜力一定很大。他留在岛上，与岛上的人交上了朋友。

  乙公司的销售人员在岛上住了很多天，他挨家挨户做宣传，告诉岛上人穿鞋的好处，并亲自示范，努力改变岛上人赤脚的习惯。同时，他还把带去的样品送给了岛上的部分居民。这些居民穿上鞋后感到松软舒适,走在路上他们再也不担心扎脚了。这些首次穿鞋的人也向同伴们宣传穿鞋的好处。

这位有心的销售人员还了解到,岛上居民由于长年不穿鞋的缘故,与普通人的脚型有一些区别,他还了解了他们生产和生活的特点,然后向公司写了一份详细的报告。公司根据这份报告,制作了一大批适合岛上人穿的鞋,这些鞋很快便销售一空。不久,公司又制作了第二批、第三批……乙公司终于在岛上建立了皮鞋市场,狠狠赚了一笔。

小贴士

其实,只要善于运用创新思维去指导自己的行动,世上就没有什么不可能办到的事,只是个时间早晚问题。客观上没有"不可能",并不等于主观上没有"不可能",如果主观上认为"不可能",那就真的不可能了;若主观上认为"可能",那么,任何暂时的"不可能"终究会变成"可能"。人类的创造力使不可能变成可能,而一种可能性的诞生,又会带来诸多新的不可能,以此更迭,人类的发展正是一步步地从过去走向未来,从不可能走向可能。

许多事情看似不可能,其实是被常规思维束缚,打破了常规思维,许多不可能就会变为可能。

没有绝对的法则

在休闲活动走向惊险刺激的潮流之下,许多人选择了跳伞训练来挑战自己的胆识。就在一次例行的业余跳伞训练中,学员们由教练引导,背着降落伞鱼贯登上运输机,准备进行高空跳伞。

突然,不知哪个学员一声惊叫,随着这一阵叫声,大家才发现,竟然有一位盲人,带着他的导盲犬,正随着大家一起登机。更令人惊异的是,这位盲人和导盲犬的背上,也和大伙儿一样,都有着一具降落伞。

飞机起飞之后,所有参加这次跳伞训练的学员们,都围着那位盲人,七嘴八舌地问他,为什么要参加这一次的跳伞训练。

其中一名学员问道:"你根本看不到东西,怎么能够跳伞呢?"

盲人轻松地回答道:"那有什么困难的?等飞机到了预定的高度,开始跳伞的警示广播响起,我只要抱着我的导盲犬,跟着你们一起排队往外跳,不就行了?"

另一名学员接着问道:"那……你怎么知道什么时候该拉开降落伞?"

盲人答道:"那更简单,教练不是教过?跳出去之后,从一数到五,我自然就会把导盲犬和我自己身上的降落伞拉开,只要我不结巴,就不会有危险啊!"

又有人问:"可是……落地时呢?跳伞最危险的地方,就在落地那一刻,你又该怎么办?"

盲人胸有成竹地笑道:"这还不容易,只要等到我的导盲犬吓得歇斯底里地乱叫,同时手中的绳索变轻的刹那,我就做好标准的落地动作,不就安全了?"

跳伞活动结束以后,盲人和所有学员一样,安全顺利地抵达了地面。

小贴士

盲人就不能跳伞了,因为他的眼睛看不见。许多人都认为还是想当然正确的。其实只要创造一些条件,盲人照样可以跳伞。天下没有绝对正确的法则,也没有所谓的标准答案,凡事都想当然你就很容易让脑袋硬化。

农民的办法

一位游览太湖的上海旅客,在返回苏州的公共汽车上,发现同坐的一位乡民所带的竹箩内装有甲鱼。出于好奇心,他把头凑在竹箩口上观看。谁知突然被其中一条大甲鱼咬住了鼻子,而且死不松口。甲鱼四肢乱抓,脑袋还使劲往壳里缩。这位旅客痛得额头上冒汗,鼻子出血,但车上没有一个人能想出为他解脱的办法。万不得已,只好将他送到镇上医院处理。

外科大夫见了这位特殊的病人，也想不出更好的办法使甲鱼松口，除非解剖甲鱼，但这样甲鱼要挣扎，会越咬越紧。

后来，还是住院的一位农民想了一个办法，他端来一只盛满水的脸盆，让旅客的脸连同甲鱼一起浸入水中。半分钟后，甲鱼松了口，旅客解脱了。

连外科医生也不能解决问题，可这个农民一下子就解决了，这是什么道理呢？原来他靠的是从经验中引申出灵感，他根据经验知道甲鱼不能在水下久留，需要出水面呼吸。现在把甲鱼放在水里，甲鱼需要呼吸，所以只能松口了。

小 贴 士

生活不一定只有唯一的标准答案，世界不一定只有唯一的终极真理。我们不应以"非对即错"的简单思维去分析这个多元化的世界。多换个角度想一想，也许就能找到更好的答案。

冰红茶的产生

在1904年之前，英国人一直习惯饮用热腾腾的红茶。

在当年的圣路易世界博览会上，年轻的推销员布莱·钦登负责向与会者推销红茶，一杯一杯冒着热气的红茶摆放在桌上，香气四溢，却没有什么人去碰它们。

钦登发现，由于天气的反常炎热，人们更倾向于靠吃冰激凌来解渴。他十分沮丧，更晦气的是，他竟然让一大块冰掉进了茶桶里！有谁会喝这种从未有过的"冰红茶"呢？钦登只好自斟了一大杯，发泄心中的闷气。

没想到，当他喝下第一口时，发觉"冰红茶"的味道较之热红茶，竟有十分特别之处；而且在炎热的环境中，冰红茶的口感似乎更加美妙！

钦登大为开怀，干脆向与会者们推销这种前所未有的冰红茶。没想到一炮打响，竟使冰红茶成为风靡英伦的饮品。

司空见惯的事物中往往蕴含着各式各样的惊喜,关键是看你能否用思考的犁,在平淡无奇的世界里翻出奇迹。打破常规的时刻,也许就是创新成功的瞬间。

"独一居"的装饰

前些年北京的一些新建、改建的餐厅,刮起一股"洋风",用大量外汇进口材料搞室内装修,似乎不这样便不能招揽顾客。但是位于北京德胜门的"独一居"餐厅却偏不赶时髦,而是独辟蹊径,用扇贝壳、海草、斗笠、剪纸等小物件,装饰出一座具有民族文化情趣的高档餐厅,受到中外顾客的热情赞扬。艺术家刘海粟、吴作人等也慕名前来观赏品尝,并欣然留墨。

这家以经营海鲜菜肴为主的山东风味餐厅,在店堂风格设计上据说颇费了一番脑筋。有一次餐厅经理去山东谈业务,晚上在海边散步,看到一些小吃店,"渔村味"很浓,让人感到在这里休息观海就像进入了海的世界。看到这些,这位经理心想:"独一居"是以经营海鲜菜肴为主的餐厅,如果把店堂装饰成"海味风趣",让顾客就餐时仿佛进入了海滨渔村,感受到的不是生疏的窘迫,而是具有浓浓人情味的中国民族文化风格,那该多好!

此招果然奏效。餐厅门拱的造型,像破浪前进的两条渔船船首,临街的四扇落地窗户玻璃上贴着民间剪纸,窗帘则是山东蓝印花布制成的;在壁柜上摆放着民间雕塑等工艺品,每张餐桌上方的天花板下,分别垂着一串串塑料葡萄或葫芦。更令人叫绝的是,吊灯灯罩是用渔民所戴的大沿斗笠做成的。在这里就餐,能让人感受到大海的自然情调。

1985年5月"独一居"落成,被吸引来的外国顾客对餐厅的设计装饰赞不绝口,纷纷拍照留念。虽然"独一居"餐厅在其他方面比起一些老字号的餐厅还差些,但他们在餐厅装饰上敢于以独取胜,这无疑增加了餐厅的竞争力。独特的装饰风格，也起到了很好的广告作用。

小贴士

对于一些问题，有时我们可以利用各种反常信息和反常做法，去突破和超越常规思路。美国当代著名趣味数学家马丁·加德纳说：有些问题动用传统的常规方法理解确实很困难，但如果放开思路，打破常规，问题就会迎刃而解。

用创意提高竞争力

美国联邦快递空运公司于1971年成立，到1985年，联邦快递在田纳西州孟菲斯国际机场的货物集散中心处理的包裹，高达40万件。它是怎样获得如此迅猛发展的呢？

在联邦快递成立以前，美国已经有许多著名的大型快递公司。但各个企业必须把商业文件赶在截止日前两三天封好，就把剩下的时间留给空运服务公司，这样才能准时将商业文件送达客户手中。而联邦快递则保证：隔夜就送达。没错，绝对第二天就送到！以前只要能听到"会尽快送到"就很满意了。承诺隔夜就送到之后，联邦快递好像成了一部时光机器。

于是，一些企业开始以每封单页信函付10多块钱费用的方式，把信件从东岸康涅州的哈特福寄到美国中部的孟菲斯，以确保能在次日中午以前，抵达哈特福以南100英里处的曼哈顿（也在东岸）。

起初，公司董事长史密斯产生联邦快递的构想时，心里也很矛盾。那些"专家"告诉他，这个构想愚不可及。原来，史密斯是想成立一家公司，能保证把包裹隔天送到，这构想的核心是建立在一个"轮壳及轮辐式"（以下简称为轴辐系统）的运输概念上，他提议货运公司可以拿张地图，以一座机场为"轴心"画个圈，圈内再画上许多卡车路线，成为"辐条"。这些卡车花一整天的时间到一家家企业收集包裹，傍晚时再全部集中到机场，这时卡车司机和飞机驾驶员便把包裹填入机舱，满载包裹的飞机再飞到美国中部某个较大的轴心——孟菲斯，这是最理想的地点，因为从芝加哥、洛杉矶、纽约、迈阿密各地都有通往孟菲斯的航线，这些航线则是一些大辐条。抵达孟菲斯的班机机舱清出包裹以后，就把所有的包裹分类，然后交给飞至各城市的飞机，连夜飞返各地。第二天日出以前，各个城市的卡车便在机场周围的小轴辐区里运送包裹，顺便收集下一批要送出的包裹。

史密斯说，只要每天依次循环，就能够有很大的发展前景。他告诉满腹狐疑的教授，这想法并不新鲜，并说："美国航空公司1948年在堪萨斯州的托比卡就试过建立一套空运轴辐系统，印度邮局和法国空邮也是用这个方式营运。最好的运货方式，就是先在一中心点把货物集中起来，然后在集散中心分类，再把它们运往目的地。如同银行把所有要注销的支票都送到中心站，经过票据交换处理，再把支票送还。"

可是，那些怀疑的人表示，就算银行和其他组织有过轴辐系统，但是他们是在白天用的啊！优比速公司、艾默德和美国邮局等大规模的货运业者早就想过要这么做。但后来这种构想又遭否决，因为花在飞机、卡车、飞机驾驶、送货员和各轴心设备上的成本庞大，而且从来没有顾客要求包裹隔一夜就得送到。

但史密斯推测，消费者不但会喜欢上这种服务，而且还会依赖它，美国人逐渐期望获得动作快、水准高的服务，而且高科技行业激增，也使得大家越来越需要隔天送达文件。史密斯表示："我只要占有目前空运市场的1%，就可以支撑这项服务。"

同时史密斯强调：空运业必须改变形象。他说："如果要充分利用机会，就必须改变我们在公众面前的不良形象。"联邦快递里的人都没有经营过服务业，连史密斯也不例外。但他们彼此关怀、互相照顾的理念却渗透到工作中，这种感觉也传达给了顾客。举例来说：公司每一季会向1/4的顾客调查，他们最喜欢联邦快递哪一项特质。传回来的问卷会夹着这一类的便条：请帮我向金尼问好。后来才发现，顾客是把包裹交给员工，而不是交给联邦快递；他们并不在乎飞机好不好，他们只知道金尼从不让他们失望。这样，在掌握了消费者的心理后，又进行了严密的产品设计。联邦快递就是凭着这种被别人认为是不可能的产品设计和服务，成为全球最大的快递公司并带动了整个美国快递业的变革。

小贴士

死水静止不动,终被烈日烤干;长江奔腾浩荡,终被海洋接纳。自然界如此,人类社会也是如此,在竞争的丛林中,一个企业可能因为没有创意而一蹶不振,也可以凭一个好的创意而登上巅峰。

天堂的对话

阿甘死后,升入天堂,在天堂入口——珍珠之门,他遇到了圣徒彼得。

彼得对他说:"很高兴见到你,阿甘,我们已经听到了许多人赞扬你的话。但我不得不告诉你,这里已经人满为患,因此每个想进入天堂的人都得接受一次测验,通过测验的人才可以进入天堂。"

阿甘说:"彼得,能来这里我很高兴。不过没有人告诉我需要测验,但我还是希望能通过测验。但愿题目不要太难,毕竟生活本身就已经是一次足够难的测验了。"

彼得说:"我知道,阿甘。测验不是很难,只有3个问题:

一个星期中有哪几天是以字母'T'开头的?

一年有多少秒(Seconds)?

上帝的名字是什么?"

阿甘带着这几个问题离开了。第二天,他又来到彼得面前,要回答问题。彼得向他挥了挥手说:"现在你还有机会再想一想,然后回答我。"

阿甘说:"不必了。你的第一个问题太简单了,答案就是今天(Today)和明天(Tomorrow)。"

彼得的眼睛睁得大大的,喊道:"阿甘,这可不是我意料中的答案。不过你言之有理,我想我没有把问题说清楚,好吧,我同意你的答案是正确的。"

"下一个问题呢?一年有多少秒(Seconds)?"

"这个有点难,"阿甘说,"我想了又想,觉得答案应该是'12'。"

彼得惊得目瞪口呆："'12'！天啊，你怎么能说一年只有12秒？"

阿甘说："是的，是'12'，它们是1月2日（January Second）、2月2日（February Second）、3月2日（March Second）……"

"好了，好了，"彼得打断阿甘，"我知道你是怎么想的了，我明白你的意思了，这个答案又出乎我的意料。不过我还是算你对了。让我们来看最后一个问题，你能说出上帝的名字吗？"

"安迪（Andy）！"阿甘回答说。

彼得问："你怎么知道上帝的名字是安迪？"

阿甘说："你知道的，我们在教堂里常唱的那支歌：'安迪与我散步，与我谈话。'（Andy Walks with me, Andy talks with me）"

彼得哑口无言，只能让阿甘上天堂。

小贴士

总是会有另一种观点存在。对同一个问题，你与别人的看法不同，这并不证明你是错的。

阿甘的回答的确发人深省，他独特的思维和视角让人难以预料。

人们在思考问题时，因为经验的积累，会形成一种思维定式。这种思维定式有时的确能够帮助人们在直觉下做出最快最好的反应，但这种定式也可能变成一种思考的障碍。如果人们能经常突破常规、突破思维定式来思考问题，成功一定会更多地降临。

摆脱奴役的猴子

从前有个好吃懒做的人，他整天想的就是怎样不出力气，或者少出点儿力就可以拣到大便宜的窍门。

有一天，他想了一个主意，养蜜蜂的人能得到蜂蜜，养鱼鹰的人能得到鱼，我为什么不养些猴子呢？猴子会采果子呵！于是，他弄了一群猴子，把猴子关在一所空房子里，又买了很多装果子用的篓子，教猴子扛篓子。

他手拿皮鞭，严加训练。然后又买了许多果子教猴子装篓子，哪个猴子毛手毛脚地吃上一口果子，或者把果子碰坏了，他便举起皮鞭，乱抽一顿。没多久，便把猴子们整治得服服帖帖了。

这时，他把猴子放到山里，去给他采果子。果然，猴子们挺驯服，每天早出晚归，背驮肩扛地给他采来各种各样的鲜果。他只要把这些鲜果拿到集市上卖出去就行了。从此他的日子过得宽宽松松，逍遥自在。

这个不劳而获的人很苛刻，他每天早上把猴子赶上山去采果子，不管采下多少果子，每只猴子只发给一个。

猴子们劳累一天，一个果子怎么能吃饱肚子呢？猴子们饿得吱吱叫，他不但不给补充，还用皮鞭抽打它们。猴子们对主人的苛刻虐待很反感，但谁也不敢吭气，因为它们都知道皮鞭的味道。

这天，猴子们照常上山去采果子，虽然肚子空空的，但采下果子来，只往篓子里装，不敢往嘴里放。它们饿极了，主人又不在面前，有一个大胆点儿的，便吃起果子来，其他的猴子看见了，都一直咽口水。后来，实在耐不住了，也学着它的样子吃起来了。

一个野生老猴子看见它们这般模样，不禁大笑起来："猴儿们，这都是野生野长的果子，放心大胆地吃吧，看你们被人整治得没点儿猴性了，吃吧，吃吧。"

猴子们互相看看，也七嘴八舌地吱哇起来：

"这果子不是主人的，谁都可以采，谁都可以吃。"

"主人懒得上山来，他又看不见，咱们放开肚子吃呗。"

猴子们一个个"哧溜"、"哧溜"地爬上高高的大树，捡最红最大的果子吃起来，一会儿就吃了个肚儿圆。

猴子们边吃边议论：

"敢情在这山上采果子的权利，不单是只有主人才有呀！"

"我原来还以为是主人养活咱们呢，现在才知道是咱们养活他呀！"

"山是大自然的山，谁都可以上山来；果是野生的果，谁都可以摘。他懒得劳动，鞭打咱们给他干活，咱们何必受他那样折磨呢？"

"可不是吗？我们是自找苦吃！"

猴子们长时间挨饿，吃饱后一个个东倒西歪地睡着了。一觉醒来，太阳已快落山了，篓子里还没有装满呢。

一个小猴子说:"今天回去,保准得吃皮鞭,哼!就是吃皮鞭,我也不给他干活了,我要和他讲理!"

另一个小猴子说:"主人从来不讲理,咱们要不给他干活,他会把咱们再卖掉!"

大伙抓耳挠腮,忽闪着眼皮,一时不晓得该怎样才好。

还是老一点的猴子精灵,说:"干吗要回去呢?这大山没有头,森林没有边,到哪里没有我们吃的果子?生活的路子就在我们脚下,我们应该当机立断,立刻离开这里!"

那个野生的老猴儿又插话了:"这就对了,走,一块儿走哇!"

大伙儿一个个扔掉手里的篓子,欢跳着、嬉笑着,钻进那无边无际的山林里去了。

那个主人到了晚上,左等右等不见猴子们回来,到山上一看,除了横躺竖倒的篓子以外,一只猴儿也不见了。

小贴士

开始的时候,猴子们一门心思地以为主人养活着它们,它们受主人的虐待也无可奈何。其实,它们如果早点换个思路,醒悟到是它们在养活主人,那么它们早就可以脱离苦海了。打破常规思维,敢于突破创新,你就能够早日成功。

工程师的办法

一次在行军途中,拿破仑带领部队和一位工程师先到前面探路。他们来到一条河边,河上没有桥,兵贵神速,部队必须迅速通过。

拿破仑就问工程师:"告诉我,河有多宽?"

"对不起,阁下。"工程师回答道,"我的测量仪器都落在后面的部队里,他们离我们还有十英里远。"

"我要你马上量出来。"

"这做不到,阁下。"

"我命令你马上给我量出河宽，不然我将处罚你！"

工程师很快想了一个办法：他脱下钢盔，让帽檐和他的眼睛及河对岸的一点刚好在一条直线上。然后，他小心地保持身体的直立，不断地向后退，等到眼睛、帽檐和河对岸的相应一点刚好在一条直线上时，他就停了下来。他把自己所处的位置标好，接着，用脚量出前后两点的距离。然后，他对拿破仑说："这就是河流大概的宽度。"拿破仑大为高兴，马上就提升了他的职务。

小贴士

其实工程师测量河宽时不过是运用了平行四边形对边相等的原理，只不过是离开了平时常用的测量仪器，有些不习惯而已，这就像近视眼离开了眼镜看远方的东西，瞎子偶尔离开了拐杖前行一样。在高压外力作用下，人更容易打破习惯的藩篱，打破自我心理的设限，而寻得更多更好的解决办法。

胖女人怎样变瘦

非洲有个胖女人，胖得连路都走不动了。她去找医生，想要一些减肥药。

医生让她坐下来，详细地问了她的病情。女人说，她越来越胖，担心总有一天身上要爆炸。

"大夫，我求你给我一种好药。"胖女人央求他。

"你先付了钱，明天再来找我！"医生对她说。

女人付了许多钱就回去了。

第二天，胖女人又来找这个医生。医生把她从头到脚检查了一遍，看了看她的嘴，摸了摸她的手和脚，对她说："尊敬的太太，我读过22 456本书，研究过1 800万颗星星，我可以准确地告诉你。再过7天你就要死了，那还需要什么药呢？你就回家去等死吧！"

胖女人听了医生的这番话，吓得浑身发抖。在回家的路上，回到家里以后，她一直想着自己就要死了。她不停地数着，看她在人间还能活多少小时。她什么也不肯吃、不肯喝，到了晚上也不肯睡觉。她一天天、一小时一小时地瘦了下去。7天过去了，女人躺在床上，唉声叹气地等着自己的死期。可是，死亡根本没有降临。到了第8天、第9天，她还是没有死。

女人忍不住了，就去找医生。这时候，她已经瘦了许多，走起路来步子已经很轻松了。

"你这个骗子！"她愤怒地说，"你凭什么拿我那么多钱？你向我保证过，说我7天以后一定会死，可是今天已经是第9天了。我已经看透了，你是个骗子！"

医生冷静地听她说完，就问她："告诉我，你现在是胖了还是瘦了？"

女人回答说："我可是瘦多了！一听说要死了，我吓得一天比一天瘦！"

于是，聪明的医生就对她说："我这么一吓唬你，比最好的药还灵，可是你还说我是个坏医生！"

已经变得苗条了的女人恍然大悟，从此她和这个医生成了好朋友。

小贴士

如果医生依照常规做法给那个胖女人开药方，那减肥的效果肯定和这个"药方"不一样，正是因为医生这个打破常规的药方，才使胖女人的减肥效果立竿见影。打破常规，往往能取得意想不到的效果。

哥伦布的办法

当哥伦布航海行程结束以后，一个让人们惊叹的消息也随之诞生：哥伦布发现了一个新大陆。很多人都对哥伦布取得的成功表示赞叹。

皇室也特别为哥伦布举行了庆功宴，请他讲述一些艰险或有趣的故事。此时，有一位大臣却显得不屑一顾，他不服气地说："地球是圆的，任何一个人坐上船航行，都能到达大西洋的彼岸，没什么奇怪的。"旁边的几个人听了这位大臣的言论也觉得有道理，便在一旁附和。

哥伦布的朋友们，都想出面制止这种诋毁声誉的行为，因为谁都知道，环球航行，困难重重，是谁都能做到的吗？可是哥伦布反倒显得镇定自若。

过了一会儿，哥伦布请侍者拿来几个煮熟的鸡蛋，来到大厅的中央，并礼貌地邀请刚才那几位对他表示怀疑的臣子做一个简单的小游戏。人们把目光都聚集到他们的身上。

哥伦布对那几位大臣说："各位大臣，如果你们谁能把鸡蛋竖立在桌上，那你们就算赢。"

接着，几位大臣就开始了这个游戏，可是无论怎么做都不成功，围观的人，也有人尝试，依然没有人能将鸡蛋竖立起来，都说这不可能。

正当大家都开始否定这个游戏的可行性时，哥伦布走到桌子边，拿起了一个鸡蛋，用一端朝桌子砸下去，蛋的一端被砸破了，蛋也稳稳地竖立在桌子上。

大臣们一片哗然，都说蛋都打破了，还能算吗？要是这样也行，那三岁的小孩不是也可以了吗？

哥伦布看着大家不服的样子，缓缓地说道："虽然这是个很简单的游戏，你们却没有一个人做到。但是知道游戏的结果后，大家却都说不过如此。也许，每件大胆的尝试都是这样的吧。"

小贴士

哥伦布正是依靠这种竖立鸡蛋的方式，突破"地是平的"这种惯常思维，发现新大陆的。只有勇敢地突破固定思维的界限，才能取得意想不到的创新。

巧除淤血

神医华佗，不仅擅长内科、外科、妇科和儿科，而且发明了中药麻醉剂，能给病人动剖腹的大手术，难怪丞相曹操也要召他看病。

一次，有个郡太守病了，日不思饭，夜不成眠，整日忧心忡忡，焦躁不安，病人的家属忙去请华佗来为他诊治。

华佗给太守按过脉，看过舌苔，断定太守的病是由于胸中积了淤血引起的，但要清除淤血，不是一般吃药、针灸所能解决的。华佗已有了诊治办法，不过他只字不提。

为防不测，太守要华佗住在府上。每天，太守家美酒佳肴盛情款待华佗。华佗照吃不误，而且吃罢就睡，享足了清福。过了一天又一天，却不给太守开药方。每每太守夫人询问疗法，华佗总是推说："病情古怪，让我考虑考虑。"

又过了数日，华佗竟不辞而别了，太守恼怒万分，连声骂道："什么名医、神医，简直是骗酒骗肉的大骗子！"太守气势汹汹地在屋里来回走着，不时发怒大骂，家人吓得不敢吭声。正在这时，管家送来华佗留在房间里的一封信。信中把太守骂得比狗屎还臭，比烂蛋还坏，世上所有糟糕透顶的字眼都用上了，气得太守暴跳如雷，声嘶力竭地大吼："给我快派人追，杀掉那骗子！"

喊罢，太守大口大口地喷出了污血。

说来也奇怪，过了一会儿，那太守竟觉得目明神爽，接着觉得腹中饥饿，竟能有滋有味地吃下好多东西。晚上，一上床便合眼，进入了梦境。后来，太守似乎明白了怎么回事，就面谢华佗，并问起留信之事，华佗捋须一笑："那封信，乃是我专为大人开的一剂特殊的'药方'，你见了气得口吐淤血，不就好了吗？"

小贴士

华佗不愧为一代神医，其开出的药方也"神出鬼没"。其实，治病这种事又怎么能完全按医书上写的来呢？"具体问题具体分析"，突破旧框架的局限，才能推陈出新。创新也要像华佗开药方一样，不拘一格，才能成功。

老板的良苦用心

韩国有一家机械制造厂，厂里的工人很散漫，习惯把螺帽、螺栓等

零件随意抛洒在地，弄得车间一片狼藉。老板每次到车间，都把工头和工人训一顿，但下次再来时，车间仍是一片狼藉依旧。

有一天，老板又来到车间，这一次，他没有训斥工人一句，而是拿出几卷硬币，天女散花似的抛洒出去，硬币顿时布满车间的每个角落。然后，他优哉游哉地踱回了自己办公室。工头和工人们见此情景，都丈二和尚摸不着头脑，猜老板一定是疯了。

第二天，老板召集所有工人说："昨天，你们一定对我的行为感到奇怪，我并不是疯了才把硬币丢在地上，而是想让大家一起为遇到的问题找寻一个办法。"他接着说："我发现车间每天都抛洒着各式各样的零件，而你们每个人却都熟视无睹，不弯腰拾起来。这些零件都是拿钱买的，丢在地上，就等于把钱丢出去。我昨天把钱抛了出去，而你们浪费的材料和零件，同那些硬币一样，都是真正的钱，而且还将创造更多的价值。"工人们低下了头，终于领悟到老板的良苦用心。从此，车间的地上变得干净多了，再也见不到乱丢零件的现象了。

小贴士

有时候，一些问题的存在用直接的形式是解决不了的，那就应该打破常规，用全新的手段去解决，往往可以收到意想不到的结果。

第十辑　创新需要换个角度看问题

市场无处不在

深圳有位实力雄厚的建材老板,专做装饰材料生意,他想在湖南寻找地毯生意,就先后派遣三名业务员在长沙调研和分析市场。

第一名业务员去了三天就匆匆归来,他的调查报告很简单,可归为最后一句话:"我发现这儿的家庭几乎不铺地毯,没有市场。"

第二名业务员去了一个星期,他的调查报告也可归为最后一句话"这儿的人目前虽然没有铺地毯的习惯,但从他们的谈话中,似乎有市场可挖掘。"

第三名业务员去了一个月,他的调查报告十分详细,最后的结论是"这里的人之所以不铺地毯,是因为装饰材料店的老板没有心情做地毯生意,认为顾客少,几乎赚不到钱。而且,我们生产的地毯他们不欢迎,价格太高,品种太少……如果我们公司舍得花钱,重新去开发生产一些大众化价格(当地人经济水准有限)的地毯,在这里地毯是有钱可赚的,因为这个城市的人又惜钱又要面子,生产廉价的地毯正投其所好。"

五个月后,这家公司终于生产了一批"可卖性"极强的大众化地毯,并在长沙市内设立了两家地毯专卖店。开始三个月亏本,继而收支持平,半年后便略有盈利了,一年后,长沙人家庭铺地毯形成了一种风尚,公司自然大赚特赚。就这样,一个"不买"地毯的城市,让深圳老板将地毯生意做起来了。

小贴士

做人和做事一样,都需要创新。市场无处不在,关键是敢于和善于做第一人。

巧骂国会议员

一次,马克·吐温在回答记者问题时说漏了嘴:"美国国会的有些议

员是婊子养的!"第二天,此话被刊登在一家报纸上,立即招来华盛顿议员们的强烈谴责,他们勒令马克·吐温必须登报道歉。面对这种情况,马克·吐温点头答应了。

几天后,《纽约时报》上刊登了马克·吐温致国会议员们的"道歉启事":

日前,鄙人在酒席发言,说国会中有些议员是婊子养的,事后有人向我兴师问罪,我考虑再三,觉得此话不妥,也不符合事实,故特此登报声明,把我的话修改如下:"美国国会中有些议员不是婊子养的!"

那些被讽刺的国会议员哑口无言,有苦说不出。

小贴士

马克·吐温利用幽默机智的语言不仅替自己打了圆场,而且还更加大了讽刺的效果。马克·吐温巧妙地利用反向思考这一高明的思维方式,起到了极大的作用。有的时候就是这样,一些问题如果你反过来思考一下,也许效果比正面的效果要好很多。

本田宗一郎的企业智慧

本田宗一郎是一个平民出身的企业家。第二次世界大战后,在一片废墟中开始了他的创业,他从黑市买来了500个日本军队使用的带动野外电台发电机发电的小引擎,安装在自行车上,结果这种自行车大受欢迎。

1957年,本田宗一郎正式挂出了"本田科研工业株式会社"的招牌,着手研制摩托车。当时,雄踞世界摩托车市场的是美国的"哈雷"、德国的"神达普"、英国的"大炮"三大名牌产品,这三大名牌摩托车在性能上各有千秋。

为了博采众长,扬长避短,本田宗一郎带人考察了美国、英国、法国、意大利、德国等生产摩托车的先进国家,买回了许多摩托车。回国后,他立即组织力量对摩托车进行破坏性反求工程研究。经过数百次的破坏性实验,他们终于全面系统地掌握了竞争对手产品的性能、特点和不足之处，并在1958年8月生产出了第一辆新式C-100型"超级小狼"摩托车。这种摩托车集各家品牌产品之长，避各家名牌产品之短，一问世，立即获得好评，很快就畅销全世界。

1959年，在摩托车奥运会大赛上，本田摩托车获得了制作奖。1961年，本田公司生产的摩托车又囊括了250毫升级摩托车比赛的前5名。从此以后，几乎所有摩托车赛的奖杯都被本田公司捧了去。这使本田的摩托车进一步赢得了消费者的信赖，进而打开了销路。

本田宗一郎从摩托车的反求工程研究起家，在摩托车行业站稳脚跟之后，又开始进军汽车业。在发展汽车业的过程中，他仍然充分运用反求工程研究，投资了420万美元，建立了本田公司技术研究中心，聘请了850名专家来进行汽车的研究发展工作。为了这个中心，本田每月开支60万美元。对此，他认为十分有价值，他说："我们这一行唯一的解决问题的方案，是要详细思考，集各家之长，全力研究新产品。"

小贴士

逆向思维作为创造性思维立交桥中的重要通道，往往会激发卓越的构思，以新动人，出奇制胜。想落天外便可拿云撅石，造成功之势。

反其道而行之的爱迪生

1877年8月的一天，美国大发明家爱迪生，为了调试电话的送话器，他在用一根短针检验传话膜的震动情况时，意外地发现了一个奇特的现象：手里的针一接触到传话膜，随着电话所传来声音的强弱变化，传话膜产生了一种有规律的颤动。这个奇特的现象引起了他的思考。他想：如果程序倒过来，使针发生同样的颤动，那不就可以将声音复原出来，不也就可以把人的声音储存起来吗？

循着这样的思路，爱迪生着手试验。经过四天四夜的苦战，顺利完成了留声机的设计。8月20日，爱迪生将设计好的图纸交给机械师克鲁西后，不久，一台结构简单的留声机便制造出来了。爱迪生拿它去当众做演示，他一边用手摇动铁柄，一边对着话筒唱道："玛丽有一只小羊，它的绒毛白如霜……"然后，爱迪生停下来，让一个人用耳朵对着受话器，他又把针头放回原来的位置，再摇动手柄，这时，刚才的歌声又在这个人的耳边响了起来。

这台留声机的发明，使人们惊叹不已。报刊纷纷发表文章，称赞这是继贝尔发明电话之后的又一伟大创造，是19世纪的又一个奇迹。

小贴士

在留声机的设计、发明的过程中，爱迪生的逆向思维起到了关键性的重要作用。逆向思维的技巧就是不采用人们通常思考问题的思路，而是从对立的、完全相反的角度去思考问题，也就是人们常说的"反其道而行之"。这种方法在一般人的眼睛里仿佛很荒唐，但它实际上是一种非常奇特而又绝妙的工具，往往能出奇制胜，最终获得突破性的发明创造。

小村的致富之道

当日本已成为世界上屈指可数的现代化强国之时，这个岛国的一个偏僻小山村却几乎与世隔绝，十分落后，生活极为困苦。全村人虽然都想脱贫致富，却一直苦于无计可施。

一天，村里一位长者召集全村人，语重心长地说："如今，都是什么年代了，咱村的人还过着和原始人差不多的生活，我们深感内疚和痛心！不过，大都市里的人过着现代化生活的时间长了，一定会感到乏味。咱不妨走点回头路，干脆过原始人的生活，利用咱的'落后'出卖'落后'，也许会招徕很多城里人。咱们呢，也可以借此机会做生意赚钱。"

这一计谋博得所有人的喝彩。从此，全村人开始模仿原始人的生活方式，在树上搭房，穿树叶纺织的衣服……

不久，日本新闻媒介惊奇地发现并报道了这个过着"原始人生活"的小山村。此后，成千上万的人慕名而至，参观者络绎不绝，众多的游客为部落带来了可观的财富。有经营头脑的人也来了，他们来这里修路，建宾馆，开商店，将这里开辟为旅游点。小山村的人趁机做各种生意，终于富裕起来了。过了若干年，这里的居民白天上树成为一种职业，晚上回到地面，脱掉兽皮树叶做的衣服，穿着现代时髦服装，住进建筑在景点外围的水泥结构的宿舍里，过上了现代化生活。

小贴士

以往人们只知道"先进"才能够"出卖"，殊不知，"落后"也可以"出卖"，这是逆向思维所起到作用的极好见证。青少年朋友在日常生活中应该多从相反的方向对事情进行认真审视，那样才能够拓展自己思维的广度和深度，为自己以后的成功打下坚实的基础。

往锗里加杂质

20世纪60年代中期，索尼公司以江崎玲于奈博士为核心，全力投入新型电子管的研制。为了制造出高灵敏度的电子管，人们一直在提高锗的纯度上下工夫。当时锗的纯度已达到99.99999999%，如要再提高一步，实在是比登天还难。

这时，有一个刚从学校毕业的小姐，名叫黑田由里子，被分配到江崎研究所工作，担任提高锗纯度的助理研究员。这位小姐初出茅庐，很难适应那样艰难的工作，实验中屡屡出错，经常受到江崎博士的批评。

一天，黑田发牢骚似的对江崎说："看来，我才疏学浅，难以胜任提纯锗的研究工作。如果让我干往锗里掺杂的事，可能要干得好一些。"

黑田的话突然提醒了江崎教授，他想，如果反过来一点一点往锗里掺加其他物质，会有什么结果？于是，江崎真的安排黑田小姐每天朝着相反的方向做实验。当黑田把杂质增加到1千倍时，锗的纯度降到原来的一半，测定仪上出现了大弧度的曲线，几乎使人认为测定仪出了故障。黑田立刻向江崎报告了这一结果。江崎多次重复了这种掺杂实验，终于发现了鲜为人知的电晶体现象，并在此基础上发明出震动电子技术领域的电子新元件。使用这种电晶体技术，电子计算机的体积缩小到原来的

1/10，运算速度提高了十多倍。江崎由此荣获诺贝尔物理学奖。

小贴士

　　法国学者查铁尔曾说过："你在做事时如果只有一个主意，这个主意是最危险的。"江崎教授从一个方向着手研究的时候只沿着一个方向走，得到的结果只有失败，当他从相反的方向去实验的时候，却取得了成功。在平时的生活学习中也是这样，如果一件事情我们始终无法成功时，不妨考虑从相反的方向去试试。

桑塔亚的智慧

　　桑塔亚是印度的一个公路巡查工，这是一个很低下的工作。他负责管理的一条公路附近有一个占地两英亩的垃圾场。随着城市不断发展，这个垃圾场渐渐成了一座肮脏不堪的垃圾山。

　　如何改变这座垃圾山呢？他苦思冥想，但总没有好的办法。有一天，他经过一座花园时，欣然想到："人人都希望有个漂亮的地方，但像我这样两手空空的普通人，又能搞个什么名堂呢？可是我有爱美的天性，爱创造点美的东西。就让我在人们弃之不要的东西中创造我的美梦吧！"

　　他说干就干，不怕别人说他异想天开，开始在这个垃圾场中建造花园。他认为这个垃圾场完全具有建成一个理想的岩石花园的先天条件。在这块七高八低的垃圾场地下，有一股注入苏卡纳湖的暗流。地上的小股水流朝着一个方向汇成一条小溪。他就用碎玻璃、陶瓷片及五颜六色的鹅卵石和石块为原料，拼成镶嵌的图案把这块地方打扮起来。

　　很快这座花园就建好了。建造好的花园包括了许多层次，按照古希腊厅堂的式样建成的拱廊和弯曲的通道纵横交错，每拐一个弯就迎面给人一种新奇的感觉。巧妙的构思和完美布局，使这些无生命的石块仿佛充满了活力。凡参观过这个垃圾场花园的人，无不惊叹。桑塔亚一下子就出名了，他从一名最普通的公路工，摇身一变而成为一名推销商，经常应邀到外国去举办废品艺术展览。

小贴士

在垃圾堆中建花园，我们不能不佩服桑塔亚的智慧和勇气。他的思维正是典型的逆向思维。逆向思维方法是一种科学的、复杂的思维方法，常常表现为对根深蒂固的传统观念的背叛，它要求在运用该法时一定要对思维对象有全面、深入、细致的了解，依据具体情况具体分析的原则进行，更要求具有敢于离经叛道、敢担风险、勇于创新的思维品质。桑塔亚用他的创新思维为大家创造了一个美的神话。

沃特的非常之举

一个名叫诺曼·沃特的美国收藏家，他看到众多收藏家为收购名贵物品而不惜重金，他忽发奇想灵机一动：为什么不收藏一些劣画呢？于是他开始公开在市场上收购劣画，他收购劣画有两个标准：一是名家的"失常之作"；二是价格低于5美元的无名人士的画。那些画家听说后，纷纷将自己的劣作卖给他或送给他。没多久，他便收藏了200多幅劣画。

1974年，他在报纸上登出广告，声称要举办首届劣画大展，目的是让年轻的学画人在比较中学会鉴别，从而发现好画与名画的真正价值。

出乎人们的意料，这一画展举办得非常成功。沃特的广告广为流传，成为人们茶余饭后经常谈论的话题。观众争先恐后参观，有的甚至千里迢迢赶来观看。

沃特取得了巨大成功，成功之处在于他的"劣画大展"独树一帜，十分新鲜，迎合了观众的"逆反心理。"

小贴士

收藏家看似疯狂的行为，却是一种很独特的创新。打破常规，以反求正，使事物的极限，走向反面，利用反作用力，解决棘手的问题，从而达到"求正"的目的。

从相反的方向解决问题

卢克是一家大公司的高级主管,他面临一个两难的境地,一方面,他非常喜欢自己的工作,也很喜欢伴随工作而来的丰厚薪水——他的位置使他的薪水具有只增不减的特点。但是,另一方面,他非常讨厌他的老板,经过多年的忍受,最近他发觉自己已经到了忍无可忍的地步了。在经过慎重考虑之后,他决定去猎头公司重新谋一个别的公司高级主管的职位。猎头公司告诉他,以他的条件,再找一个类似的职位并不费劲。

回到家中,卢克把他的想法告诉了他的妻子。他的妻子是一个教师,她刚刚教学生如何重新界定问题,也就是把你正在面对的问题换一个面考虑,把正在面对的问题完全颠倒过来看——不仅要跟你以往看这问题的角度不同,还要和其他人看这问题的角度不同。她把上课的内容讲给了卢克听。这给了卢克以启发,一个大胆的创意在他脑中浮现。

第二天,他又来到猎头公司,这次他是请公司替他的老板找工作。不久,他的老板接到了猎头公司打来的电话,请他去别的公司高就。尽管他完全不知道这是他的下属和猎头公司共同努力的结果,但正好这位老板对于自己现在的工作也厌倦了,所以没考虑太长时间,他就接受了这份新工作。

这件事最美妙的地方,就在于老板接受了新的工作,结果他目前的位置就空出来了。卢克申请了这个位置,于是他就坐上了以前他老板的位置。

卢克本意是想替自己找个新的工作,以躲开令自己讨厌的老板。但他的太太教他换一角度想问题,就是替他的老板而不是他自己找一份新的工作,结果,他不仅仍然干着自己喜欢的工作,而且摆脱了令自己烦心的老板,还得到了意外的升迁。

小贴士

传统观念和思维定式常常成为条条框框,对人们的创造性思维和活动产生负面作用,而要冲破限制、打破框框就要勇于运用逆向思维。从现有思路返回,从与其相反的方向寻求解决问题的办法。

向里还是向外

餐桌上,七八个汉子为打不开一个恼人的酒瓶塞子几乎败了酒兴。

经过他们轮流折腾,现在那个软木塞非但起不出,反而朝瓶内陷下去半厘米。有人提出应该用剪刀挑;有人则否定,认为木质疏松,不易成功。有人提出最好把一根螺丝钉旋进木塞,然后用力拔出;有人则否定,认为即使朝下微用点力木塞也会掉进瓶内。又有人认为最好的办法是用锥子对着木塞朝瓶颈的方向用劲插入,然后可望将木塞随锥子一起拔出。大家说主意虽好,可惜眼前找不到这种家伙。

再次折腾的结果是软木塞没有取出,却掉进了酒瓶内。汉子们在一片惋惜中却发现了一个喜人的结果——酒能倒出来了。

如果瓶塞实在拔不出来,何不直接把它弄到瓶子里去呢?两种做法的结果其实是一样的,这就是逆向思维。人类的思维活动存在着正向和逆向两种方式。正向思维是一种习惯性的、严格遵循日常思维路线的一种思考方式,在通常情况下,这种方式能迅捷地解决一些常规问题,但如果能反过来思考,就有可能获得不同凡响的新方法,产生超常的构思,以超常之智行卓越之争。

出其不意的德军

第二次世界大战期间,纳粹德国给世界人民带来巨大的灾难。但在战争期间,其军事将领们也给战争史留下了许多经典战例。

1942年2月12日中午,英国海军和空军重兵布防的英吉利海峡上空,一架英国战斗机在例行巡逻。突然,飞行员发现有一队德国舰队大摇大摆地从远处开了过来，他立即将这一发现向司令部报告。英国司令部的军官们大惑不解：德国舰队怎么可能在大白天从英吉利海峡通过，是不是飞行员看错了？英国人忙于思考和争论，却没顾及到时间正一分一秒地溜走。直到过了近一个小时，又一架英军侦察机发现德舰已经闯入海峡最窄也是最危险的地段了，并且正在全速行驶。英军指挥官们这才意识到敌情的严重性，等他们判明敌情，调集部队，下令进攻时，德国舰队已然远离了最危险的地段，给其致命打击的机会已然丧失。整个下午，英军虽然不断出动飞机、驱逐舰对德国舰队进行拦截，但由于仓促上阵，反而被严阵以待的德军给予沉重打击。就这样，德国海军在英国人的眼皮底下，将驻泊在法国布雷斯特港内的舰队顺利地移至挪威海面，增强了那里的战斗力。

原来，这一切都是德军为完成这次战略转移精心策划的大胆行动。因为从法国到挪威有两条路线可走，一条是向西绕过英伦诸岛北上，这条航线路途遥远，费时费力，如果遭遇兵力占绝对优势的英国军队，后果不堪设想；另一条航线则是直穿英吉利海峡，但此处有英国海军、空军的重兵布防，同样是危机重重。最后，德军指挥官经过反复权衡后，决定在英国根本没有想到的情况下，出其不意地闯过英吉利海峡，在夜间出发，白天通过英吉利海峡最危险的多佛和加莱之间的地段。

这一大胆冒险的行动果然获得了成功，庞大的德国舰队在飞机的掩护下，在英国人认为绝不可能的时候出现，英军来不及判断和阻挠的情况下，明目张胆地闯过英吉利海峡，给英国人上了一堂生动的战争教学课。

小贴士

德军智闯海峡的故事也为我们上了一堂生动的创新教学课。出其不意，反其道而行之，正是德军这次军事行动得以成功的基石。创新也是这样，唯有出其不意，才能有所创新。

聪明的小男孩

一对夫妻在城里打工，他们想先找一处房子住下来。找来找去，最

终看中了一处公寓，因为那招租广告上的条件最符合他们的要求。

他们按地址找到了这处房子。房东是一位老大爷，一看到他们带着一个小男孩，就说什么也不愿将房子租给他们。夫妻俩急了："我们都跑了一天了，对你的房子很满意，价钱也可以再商量。再说，我们现在也没有地方可去呀。""实在对不起了，"房东没有一点商量的余地，"你就是加些租金也不行，因为我不打算把房子租给有小孩的住户"。

"这孩子过几天就要送到他爷爷奶奶那儿去了。"

可是，房东一听就知道这是编出来的瞎话，他不想再争辩了，转身走进屋里。

这时，他们那六岁的儿子将这一切看在眼里。他说："爸爸妈妈，不要着急，我有办法。"说完，他走上前去，用小手敲起门来。

门开了，房东又走了出来，见还是他们，便一句话也没说就要回屋。小男孩一把拉住他，说："老爷爷别走，这个房子我来租，我没有孩子，我只有爸爸妈妈。"

房东一听，竟然同意了。原来房东想到自己年岁大了，不想把房子租给有小孩子的家庭，是因为怕吵闹。现在看着小男孩这么懂事，当然愿意把房子租给他们了。

小贴士

一般人习惯于按照一般性思维去思考问题，最后往往会进退两难，这样很容易使事情陷入僵局。这时，只要你开拓自己的思维，从事物的不同方面、不同角度去考虑，就不难发现捷径。要知道，方法总比问题多。

走出水镜庄

诸葛亮少年时，曾和徐庶、庞统等人同拜水镜先生为师。三年拜师期满，这天早上，先生把大家召集起来说："从现在起到午时三刻，谁能想出好主意，得到我的许可，走出水镜庄，谁就算学成出师了。"

弟子们陷入了深深的思索之中。

有的弟子谎称:"庄外失火了!我得出去救火。"先生微笑着摇摇头。

有的弟子谎称:"家有急事,要速归。"先生不为所动。

庞统说:"先生,如果你能让我出去,我一定能想出办法,请先生允许我到庄外走走。"先生默默不语。

眼看午时三刻就要到了。诸葛亮脑子一转,计上心来。只见他怒气冲冲地奔到堂前,指着先生的鼻子破口大骂:"你这先生太刁钻,尽出歪题害我们,我不当你的弟子了!快还我三年的学费!快还我三年的学费!"

几句话把先生气得脸色发青,浑身颤抖,厉声喝道:"快把这个小畜生给我赶出去!"

诸葛亮却执意不走,口中直说要退还学费,徐庶、庞统好说歹说把他拉了出去。

但是一出水镜庄,诸葛亮哈哈大笑,捡起一根柴棒,跑回庄内,跪在水镜先生面前说:"刚才为了考试,不得已冒犯恩师,弟子甘愿受罚!"说着,送上柴棒请罪。

先生这才恍然大悟,立即转怒为喜,拉起诸葛亮高兴地说:"为师教了这么多徒弟,只有你真正出师了。"

小贴士

逆向思维是一种很高明的思维方式,面对需要创新的问题,当从正面难以突破时,如果能反过来思考,就能够对该问题有较为深刻的认识和把握,并有可能获得与众不同的新想法、新发明。诸葛亮见正面思考解决不了问题,遂利用反向思维,出奇而制胜,这很值得我们思考。所以,除了运用正向思维外,还要养成从反面思考问题的习惯,这样,你就能突破常规,有所创新。

第十一辑 多动脑筋才能创新

农场主的智慧

一场大冰雹把农场主的苹果打得伤痕累累。苹果卖不出去,农场就要濒临破产,即使这样的苹果卖出去了也很有可能被退货。在农场主为此郁闷时,他随手拿起了一个苹果猛啃起来。谁料,一口下去,他脸上却乐开了花:原来他发现那些苹果是那样的脆甜可口,比以往的苹果好吃得多。

于是,农场主和往年一样,先把苹果包装好,并在里面加了一张精美的小卡片:"尊敬的顾客朋友,由于天灾,使得这些苹果表面上有些伤痕,但请您不要介意,因为这些苹果在经受住了高原冰雹的考验后,变得香脆可口,同时也富含了更多独特的高原风味。"

结果,他的这批苹果比好苹果卖的还要多。

小贴士

有些人以为所有的创意都出自于科学家的头脑,其实不然。事实上很多的创意都出自普通人的头脑,只要你在生活中遇到麻烦或者难题不绕开它,那么你就有可能抓住创新的机遇,从不同的角度进行思考,你就能迎来辉煌的成果。

卢伊兹的专利

巴西有个企业家叫卢伊兹·卡洛斯·布拉沃,有一次他到剧院观看演出,当看到一个讲笑话的节目时,他被演员逗得捧腹大笑。很多观众笑后就抛在脑后,但卢伊兹与众不同,他反复思考此事,忽然想到一个主意,认为可以将"笑话"变成赚钱的"商品"。

经过认真的研究分析,卢伊兹决定创立一个独特的电话服务公司,叫作"笑话公司"。他千方百计汇集了世界各国出版的 500 多册笑话选集，从中精心挑选了成千上万则精彩的笑话，请一些大学教授译成英语，并使其富有英语的幽默感。然后再聘请滑稽演员把这些笑话制成录音，在电话上增设一个特制系统，备有专用电话号码。用户只要一拨这个专用号码，就能听到令人捧腹大笑的笑话。当然，用户每听一次，就要交付一定的费用。这种别开生面的业务一开张，就受到广大听众的欢迎，卢伊兹由此也获得了丰厚的利润。

为了保护自己的专利，卢伊兹在巴西全国工业产权局进行了注册登记。后来，随着生意的兴旺，又在英国等十几个国家进行了专利注册，他在巴西先后与 300 个城市的电话局签订合同，都安上了这种设备，开展笑话业务。在国内业务的基础上，他又开始向英国、日本、德国、法国、希腊、阿根廷、智利、西班牙、葡萄牙等市场出口，年业务额达 3 000 多万美元。

小贴士

要想有好的点子，就要勇于挖掘大脑中的"第一金矿"。赚钱的门路很多，关键就看你善不善于转换思路，调用你的智慧，去想出一些好的创意。

一切成就、一切财富，都始于一个意念。念头就是实物，当你有固定的目标，以顽强的毅力和炽热的愿望去追求，你的念头就会转化成最现实的财富，这时你的创意也会应运而生。

乡下人与城里人

乡下人的门前放着一尊巨大的石像，放在那里很久了，任凭风吹雨淋。

一天，一个城里人经过这里。他看到了石像，便问乡下人能不能把石像卖给自己。乡下人听了，想都没想就说："你居然要买这块石头，我一直为它挡在门前而苦恼呢！"

"那我花20元买走它。"城里人说。乡下人很高兴,因为这不但使自己得到了20元,而且也让门前的场地宽敞了许多。石像被城里人设法运到了城里。

几个月后,乡下人进城在大街上闲逛。他看见一间富丽堂皇的屋子前面围着一大群人,其中有一个人在高声叫着:"快来看呀,来欣赏世界上最顶尖的雕像,只要40元的门票。"

于是,乡下人买了门票走进屋子,也想要一睹为快。事实上,乡下人所看到的正是他卖掉的那尊石像,可是他已无法认出门前的这块石头了。

小贴士

面对一件平平常常的事物,一般人会视若无物,毫不珍惜。而对于一个善于创新的人来说,他的眼光是独特的,能从中发现玄机并善于利用这种机会,所以成功对他来说也就很容易了。而一般人最后只能眼睁睁看着成功溜走,并为此付出不小的代价。

压力烹煮法

当我们看一个静静地摆在桌上的鸡蛋,你会发现什么呢?静态下的鸡蛋,很难让你悟出有关蛋的发明创意,倘若我们化静为动去观察,或许有意外的发现和发明。

有个叫林力凡的研究者,在他对司空见惯的鸡蛋注视良久之后,想到了将蛋逐步加压的动态实验,企望在实验中能碰上好运。他将蛋放在一个封闭的铁筒中,然后逐步加压,分步观察。起初,他并没有发现在常规压力下蛋有什么变化,直到将筒内压力升高到6000个大气压后,才有所发现。

经过高压处理的鸡蛋,蛋壳完好无缺且是冷的,但是将蛋壳打开后,发现蛋已凝固。这种被"压熟"了的鸡蛋里面呈鲜黄色且富有弹性,一尝觉得味道非常鲜美可口。再进行化验,丝毫不破坏它的营养价值,林力凡非常高兴，立刻想到了"压力烹煮法"和"超高压食品"的发明。

小贴士

"眼动"不如"心动"，光观察不思考是没有用处的，只有思考了，你才能够想到可否将蛋进行高压处理这样的念头。大胆假设往往会成为发明创造的先兆。

所谓大胆设想就是对事物的未知方面提出大胆假设，或做出假定性的想像，然后通过其他办法证实假设的正确或错误。发明就是一次运用假设进行思维的快乐旅行。没有大胆的敢于突破常规的假设就不会在人类认识世界的旅途中迈出重要一步。

父亲的办法

一天晚上，一对兄妹在书房里做作业，忽然吵了起来。

母亲跑进去问："俩人吵什么？好好做作业！"

哥哥说："把窗子打开，我需要新鲜的空气，我都透不过气来了。"

妹妹叫道："不要打开窗子嘛，我很冷的。"

母亲说："那么，就开一半窗子吧，避免了风太大，也可以让新鲜空气流通。"

两个小家伙异口同声地叫着："不好！"

母亲急了，大声说："你们想怎么办？"

父亲听到后走了进来，笑着说："我来解决这个问题。"

他走到隔壁的房间，打开了窗子。因为这两个房间是相通的，所以效果很明显，空气变得流通了，而冷风也没有直接吹进来。

他问儿子："感觉到新鲜空气了吗？"

儿子说："感觉到了！"

他又问女儿："你冷吗？"

女儿也高兴地说："不冷。"

于是兄妹俩又高高兴兴地开始做作业了。

还有一个故事这样说：

母亲吩咐孩子去买米，列了张清单，连同卷好的一叠米袋子交给孩子。到了米市，孩子一看，清单上写着：大米、小米、高粱米、玉米……

于是他就按图索骥，一种装一个口袋。称着称着，孩子傻眼了，左数右数都缺少一个袋子，无论如何都没法将全部的品种买回家，最后只好少买一种。

一踏进门槛，孩子就埋怨母亲："为什么不先数好袋子？老远的路，难道要让我跑两趟不成？"

母亲笑了："你不是系鞋带了吗，用鞋带将米少的袋子中间扎紧，上面一层不又可盛米了！"

孩子一下子傻眼了……

小贴士

年轻人不善于动脑子，仿佛就像直筒的米袋子，不分层次，一眼就能望到底。因为单纯、直率，内心的空间搁不下东西，不是挤跑这样就是挤跑了那样。其实多想想，总会有办法的，就像上面故事里的父亲那样。变化一下角度，事情不就解决了吗？

思考带来创新，创新带来成功

比尔·盖茨是当今世界的首富，个人资产达550亿美元的"微软"公司创始人。

他是如何迅速地取得如此的成就呢？又如何准确把握了发展的前景呢？请看一则他的少年时代的故事。

他读6年级时就终日埋头苦学，喜欢躲在地下室里。母亲叫他吃晚饭时，他总是爱理不理。

"你究竟在搞什么呀！"母亲有一次实在气坏了，冲着室内的他吼起来。

"我在思考。"盖茨用同样的嗓门回敬。

"你在思考?"妈妈犯疑了。

"是的,妈妈!"盖茨语不饶人,同时发出反问:"妈妈,你试过思考吗?"

事业有成的他每天仍只睡6个小时,其余时间仍旧是思考与工作,工作与思考。他自认为是工作狂,当然也是个思考狂。思考使他开心、忙碌,使他精神百倍。

比尔·盖茨是20世纪最伟大的"创新者"之一,他把电脑操作的软件伸入到电脑中,使在全球普及个人电脑成为可能。比尔·盖茨的创新意识极强。他时常这样说:"我们离破产只有18个月。"为了使他的"视窗"不被历史所淘汰,他要求在一年半的时间内就必须把他的产品升级一次。比尔·盖茨所拥有的财富,是靠他的创新精神换来的。

小贴士

思考,是激发智慧之光的燧石。不时撞击这块燧石,智慧之光将引导你步入成功的殿堂,比尔·盖茨正是依靠思考这一创新利器而走上成功之路的。

聪明的年轻人

日本有一家高科技公司,公司上层发现员工一个个萎靡不振。经咨询多方专家后,他们采用了一种简单而别致的治疗方法——在公司后院用圆润光滑的小石子铺成一条石子小道。每天上午和下午分别抽出15分钟时间,让员工脱掉鞋子,在石子小道上随意行走散步。起初,员工们觉得很好笑,觉得在众人面前赤足很难为情,但时间一久,人们便发现了它的好处,原来这些小石子起到了一种按摩的作用。

后来,很多人都知道了这件事,然而只有一个年轻人由此受到启发开始自己做生意。他选取了一种略带弹性的塑胶垫,将其截成长方形,然后将小石子一分为二,粘满胶垫,经过反复修改,他开始了批量生产。

随后的半个月里,他每天都派人去做推销。产品的代销稳定后,他又开拓了几项上门服务:为大型公司在后院中铺设石子小道;为幼儿园、小学在操场边铺设石子乐园;为家庭铺设室内石子过道、石子浴室地板、石子健身阳台等。紧接着,他将单一的石子变换为多种多样的材料,如七彩的塑料、珍贵的玉石,以满足不同人士的需要。小石子铺就了这位年轻人的成功之路,成为改变其人生的契机。

小贴士

每个人每天都在走着各式各样的路,然而只有极少数的人能用脚下的小石子为自己开辟出一条通往成功的阳关大道,改变命运的不仅仅是知识,还有无数个令你豁然开朗的小石子。种下思考的种子,你离成功就不远了。

电灯的发展史

1879年,美国著名的科学家爱迪生发明了白炽灯,结束了人类"黑暗"的历史。在人们欢呼、庆祝这一伟大发明的时候,一些富有远见的科学家已经看到了白炽灯明显的不足之处:它只能利用电能的10%~20%,其余的80%~90%的电能以热损耗的形式被浪费掉了。

"白炽灯靠电流加热,使热能转换为光能,这种电能利用形式太浪费电能了,能不能找到一条电能利用的新途径呢?"有的科学家提出了新的想法。

美国的黑维特就是持这种想法的科学家之一。在实验里,他将耐热玻璃制成灯管,抽出灯管内的空气。然后往灯管内充入各种金属和气体,反复进行比较实验。

1902年,黑维特发明了水银灯。这种水银灯是在真空的灯管中,充入水银和少量氩气。通电后,水银蒸发,受电子激发而发光。水银灯比白炽灯亮多了,光线近似太阳光,能量利用率也较高。

但是,水银灯会辐射出大量紫外线,而紫外线对人体有害,且水银灯光线太强、太刺眼，因此它不能得到广泛应用。

该如何改进水银灯，使它更为实用呢？

一时间，许多科学家又潜心于水银灯的研究。他们认定沿着水银灯的思路研究下去，终究会成功的。

不少科学家注意到，早在1852年，英国物理学家斯托克斯发现了一种碰到光就能产生另一种光的荧光物质，并且经过这种荧光物质转换后的光的波长远比外来光的波长要长。

"既然紫外线比可见光的波长短，用紫外线去照射荧光物质，肯定可以得到比紫外线的波长要长得多的可见光！"科学家马上联想到水银灯的弊端。

"山重水复疑无路，柳暗花明又一村"。这可是个极有价值的推测。它意味着大量有害的紫外线将变成可见光。具体来说，就是要在水银灯管内壁涂上荧光物质，当水银灯辐射的紫外线照到荧光物质上时，就会被激发变成可见光。

有了这一个明确的理论指导，按理说，水银灯的改进工作应该有所飞跃了。

然而，科学家在实际的操作过程中屡屡失败。这是什么原因呢？

经过认真分析与探讨，科学家认定原来的推测没有错，关键问题是技术上没有过关，也就是说，水银灯的启动装置不理想。可要制作一个理想的启动装置谈何容易！

1910年，法国的一些科学家注意到莫尔在1895年做的一个实验。在这个实验中，莫尔在抽掉空气的玻璃灯管中，充入少量的二氧化碳，然后给以高压，使它放电，结果灯管发出白光。克劳特根据莫尔的实验，在抽掉空气的玻璃灯管中，分别充入氖、氩、氦等稀有气体。他发现，充入氖气，灯管会发出红橙色的光；充入氖和氩的混合气，灯管会发出蓝色的光；充入氖和水银的混合气，灯管会发出绿色的光；充入氦气，灯管会发出金黄色的光。如果在灯管内壁涂上不同的荧光物质，灯光的色彩将更丰富。

"这是多么奇妙的现象啊！"克劳特惊喜万分。

克劳特根据这种灯光的特殊性能，制作了一幅宣传广告：红色的花朵，绿色的叶子，黄色的文字。他把这个广告挂在法国巴黎的闹市区。

在夜晚，这张广告发出五彩缤纷的灯光，显得格外醒目，这在巴黎市区引起了不小的轰动。

克劳特获得了霓虹灯的发明专利，并成立了"克劳特霓虹灯公司"，结果发了大财。直到1932年，克劳特专利权到期，世界各地才开始广泛生产霓虹灯。

小贴士

人类发明各种照明灯及霓虹灯的历史，其实就是思考不断发展，并且不断推动创新的历史。只有时刻开动脑筋，不断利用大脑去思考、分析各种问题，创新才有可能实现。从某种意义说，思考是创新不息的源泉。

肯于动脑筋的刘星

1998年8月，在香港举行的第九届全国青少年发明创造竞赛暨科学讨论会上，新疆博乐市第四中学高二（1）班刘星同学的最新发明——"荒漠眼状滴灌喷头"荣获一等奖。

刘星的父亲是位中学教师，母亲是名工人。也许是因为父亲严谨的治学态度和母亲勤奋的工作作风激发了她的斗志，或者是她天资聪颖、善于动脑的原因，自从小学三年级起，她一直是班上的拔尖生。

刘星从小就喜欢一些小发明、小创造，上小学时，就是科技小组的成员。上初中时，更是校科技小组的活跃分子。每次科技活动，她都积极参加，有时甚至达到了入迷的地步，脑子里不时地有奇思怪想闪现，因而，她的科技作品也颇多。上学几年下来，她的一些发明先后多次在自治州、自治区、全国获奖。

上高一时，刘星随学校科技组去巴音塔拉农业综合开发区，考察由自治区人民政府引进的一套以色列滴灌设备，发现节水效果十分明显，但是听农民反映，滴灌毛管的出水眼经常发生内堵和外堵故障，让人十分头痛。这一进口滴灌设备存在的毛病，引起了刘星极大的兴趣。怎样解决这一难题呢？她开始在脑子里打起了"小九九"。当考察完滴灌配套设备之后，正准备深入艾比湖沿岸考察时，忽然，阿拉山口方向刮起了大风，顿时风沙弥漫，指导老师赶快下令撤退，同学们纷纷爬上敞篷汽车，双手紧抓车厢扶手，在荒漠风暴中奔驰。汽车颠簸得厉害，当时，刘星的眼睛被沙尘迷住了，也顾不上去揉，只能使劲地眨巴眼睛忍耐着。泪水不住地流，不多会儿，沙粒伴随着泪水被排出来了。她忽然有所顿悟：这不就有解决堵塞问题的办法了吗？当汽车逃出风区停下时，刘星急忙跳下车，擦着眼泪告诉老师，滴灌毛管出水眼被堵的问题有办法解决了——我们可以模仿人或动物眼睛的工作原理，研制一种类似眼睛的喷头。教师当场就表扬了她，鼓励她大胆地去试验。

刘星回家后，脸也顾不上洗，就迫不及待地画出了草图，又找来废弃的塑料、胶管等材料，制成了原始模型。后来，终于制成念珠式的毛管和一个可供解剖演示的眼状喷头。为使这一发明更趋完善，当年暑假，指导老师又陪同她再一次去巴音塔拉农场考察，重点研究解决内堵问题。刘星把"眼球"分为上下两部分，上部分与"眼睑"接触，让上面长些短毛，以清刷进水眼，防止被堵；下部分与地面接触，让上面长些长而又硬的"睫毛"，以拨动泥沙，防止外堵。这样，就基本解决了滴灌设备的沙堵，这一发明，在香港展出和全国发明展览会上均受到了中外专家的高度评价。

小贴士

没有认真细致的思考和遭遇风沙时的一次顿悟，就不可能有刘星的这一独特而新颖的发明。世界是无限丰富的，人的心灵和智慧也是无限的，只有将心灵和智慧与世界相结合，人才能够结出创新的果实。多思考，多问问几个为什么，你就多了几分成功的可能。

笨重的房门也是发明

爱迪生一生发明了很多东西。可是，来到这位发明大王家的客人，

都会对进门要推一扇异常笨重的房门而感到苦恼。一位客人忍不住向爱迪生抱怨说:"我几乎使出全身力气来推开那扇房门。真不明白,像您这样的发明大王,为什么不能设计出一扇轻便灵巧的房门来?"

"谁说我的房门不是一项伟大的发明?"爱迪生边说边领着客人去察看藏在那扇门后的设计。原来,这扇门是与一个家用压水泵连接在一起的。为此,每个进屋的人,每次都将给爱迪生家的蓄水池里压上来20公斤的水!

客人看着蓄水池里已经蓄满的水,惊呆了:爱迪生真不愧是一个伟大的发明家。

小贴士

聪明的人总是喜欢做一些聪明的事。他不会在你的面前炫耀自己的聪明,而是让你慢慢去琢磨、去思索,等到最后让你眼前豁然一亮,这时,你不得不对他佩服得五体投地。这正是聪明人的最高明之处。

斯太菲克的创意

美国商人斯太菲克本是一个退役军人,在医院疗养期间,他读了《思考和致富》一书,深受启发,很想实践一下书中所讲的理念,通过自己的思考变成一个有钱人。

躺在医院的床上,他苦思冥想,共想了很多主意:创办一个信息中心、开办一所疗养院、与别人合伙搞一个广告公司、建立一个电视台……他为自己的种种想法兴奋不已。可是,他很快就高兴不起来了,因为他发现要做的事情虽然都是能引起轰动效应的大事,但尽快实现的可能性极小,自己连起码的资金都不具备。辗转反侧,他决定自己还是应该先从小事着手,等到把资金筹够了再做大生意也不迟。

一天,护士给他送来了洗好的衣服。衣服是送到洗衣店里去洗的,洗衣店洗好熨烫好以后由护士帮助领回来。看到叠得整整齐齐的衣服,斯太菲克的眼睛一亮。原来,洗衣店总是把烫好的衣服折叠在一块硬纸板上，以保持衬衣的硬度，避免打皱。正是这块纸板使斯太菲克点燃了智慧的火花。他有了一个新奇的想法。

他去那家洗衣店做了一次拜访，得悉这种衬衣纸板每千张的价格需要4美元。他想以每千张1美元的价格出售纸板，但要在每张纸板上刊登广告。登广告的人所付的费用归他所有。这件事在许多人看来都是一件小得不能再小的事情了，谁会在意每千张纸板才1美元的生意呢？斯太菲克的朋友甚至讽刺他说："如果你不是做生意的材料就认输吧，站在马路上说不定一天也不止捡到1美元！"可斯太菲克却不以为然，他知道自己还有更大的目标，但是无论什么样的目标都必须从小事做起。

从疗养院出来后，他就把全部精力投入到行动中，把想像的事情变成了现实。

一段时间之后，斯太菲克的客户越来越多，他自己也积累了一些经验，这时，他决定把生意做得再大一些。他发现衬衣上的纸板一旦被撤除后，就不会为洗衣的顾客所保留。怎样才能使顾客保留登有广告的纸板呢？他又想出了一个新办法：在衬衣纸板的一面仍然印广告，另一面印上有趣的儿童游戏或主妇菜谱、字谜、谚语、小常识等。这种做法果然很奏效。许多家庭主妇不等衣服穿脏就又送到洗衣店去洗。洗衣店也很高兴，愿意订购斯太菲克的纸板。

为了扩大业务，斯太菲克又想出了一个高招：把出售衬衣纸板的收入全部捐给美国洗染学会，洗染学会给他的回报是，建议每个成员店及同行业的工会只购买斯太菲克的衬衣纸板。这样，斯太菲克几乎垄断了整个国内市场，他的曾经被别人瞧不起的小生意在人们惊讶的目光中变成了大生意，他也一跃成为美国有名的富商。精心安排的一段思考时间给乔治·斯太菲克带来了可观的效益。

小贴士

要学会创新思维，就应善于培养自己精细的观察力和深刻的洞察力，不以放任自流的态度对待身边的小事，因为美丽的性情、古怪的幸运天使可能就藏在你所不注意的角落里，如果你稍有不慎，她又将翩然而去，留下你独自扼腕叹息。

聪明的急救队员

能在紧急情况下迅速运用智慧的人,是善于观察生活、善于思考的人。

凌晨三点,救护支队的值班员突然接到一个报警电话:"喂,我是救护支队,请讲。"

可是,值班员只能从话筒里听到艰难的喘气声,他耐着性子呼叫了许久,终于,一丝微弱的声音传了出来:"我不行了,快来救命……"

"你是谁?住在哪里?"值班员急迫地问道。

"我是个孤老太婆……在我家中……我跌倒了……"对方艰难地说。

"请告诉我门牌号码,我们立即就去!"值班员一边说,一边通知大家做好行动准备。

"可是我……我实在想不起来了……"对方痛苦地回答。

"是在市区吗?!"值班员机警地问道。

"……是,是的。靠近马路……我家里的灯很亮……"

对方大概昏迷过去了,只有电话里那喘息声还能隐约分辨出来。

救命如救火!但必须先查出老太婆的住址才行。值班员望着手中尚未挂断却无人答话的话筒,望着严阵以待的救护车,果断地做出了一个大胆的决定:让救护车拉响警笛沿街行驶,因为老太太的电话未挂,救护车一旦经过老太太所住的街道,警笛声就会通过老太太的电话传到值班室,一旦传入,即令救护车上的队员就近查找亮着灯的人家。

果然,高扬的警笛声在寂静的夜空里格外地响亮,不一会儿,值班室就有人在对讲机里大声地叫道:"听到了!听到了!"

小贴士

急中生智需要对突如其来的紧急情况迅速地做出判断,并能根据实际情况利用其他一切可以利用的条件迅速地找到解决问题的办法。要想做到这一点,除了要善于观察生活之外,还需要一个成熟的善于思考的大脑。到时候,只要条件一成熟,动动大脑,便会计上心来。

苏堤的由来

苏东坡到杭州任地方官的时候，西湖早已名不符实了。长年累月的泥沙越淤越多，碧波荡漾的西湖成了"大泥坑"。

苏东坡对此黯然神伤。随后他多次巡视西湖，反复思考如何加以疏浚，使往日风光秀美的西湖重现迷人的风采。

几次巡视后，他发现最棘手的是从湖里清除的大量淤泥无处存放。有一天他忽然想到，西湖全长有 30 多里，要环湖走一圈，恐怕一天也走不完。如果把湖里挖上来的淤泥堆成一条贯通南北的长堤，既清除了淤泥，又方便了游人，不是很好的办法吗？这时他又联想到，挖掉了淤泥之后，可以招募附近的农民来此种麦，种麦所获的收益，反过来可作为整治西湖的资金。这样疏浚西湖有了钱，挖出来的淤泥有了去处，西湖附近的农人多了收益，西湖不仅有了一条贯穿南北的通道，便利了来往的游客，而且能增添西湖的美景。

如今，苏堤已成为西湖的一个遐迩闻名的景观了。

小贴士

苏东坡运用丰富的联想解决了问题，实在令人佩服。他使用的相似联想思维是一种很有用处的创新思维。相似联想是指在头脑中可以根据事物之间在形状、结构、性质或作用等某一方面或某几方面的相似性进行联想，从而引发出某种新设想，创造出新事物。

青少年朋友在工作和生活中也应该多注重培养自己，有了思维才有可能创新。

思索是创造的前提

老师给同学们出了一道题目，"公园的树上有 8 只鸟，开枪打死一只，还剩几只？"

孩子们觉得这是一个简单的问题，都抢着说答案。老师看见只有威廉没有吭声，他安静地坐在那里思考。

老师问："威廉，你觉得是几只呢？"

威廉反问了一句："在公园里打鸟不是犯法的吗？"

老师说："我们假设不犯法。"

"打枪人使用的是无声手枪吗？"

"不是。"

"枪声有多大？"

"80~100分贝。"老师有点摸不着头脑："这些问题跟还剩几只鸟有关吗？"

"是的。"威廉继续问道，"您确定那只鸟真的被打死啦？"

"确定。拜托，你告诉我还剩几只鸟不就行了吗？"

"我还想问一句，树上有没有关在笼子里的鸟？"

"没有。"

"还有没有其他的树，旁边的树上有鸟吗？"

"没有，只有这一棵树。"

"有没有残疾的或饿得飞不动的鸟？"

"没有。"

"鸟里边有没有聋子，听不到枪声的？"

"没有。"

"有没有傻得不怕死的？"

"都怕死。"

老师不耐烦了："威廉你到底知不知道答案？"

"还有最后一个问题，老师，算不算怀孕的小鸟？"

"不算。"

"哦，如果您的回答没有骗人，打鸟人的眼也没有花，"威廉自信地说，"打死的鸟要是挂在树上没摔下来，那么就剩一只，如果掉下来，就一只也不剩了。"

老师和同学们听了这话，目瞪口呆，哑口无言。

> **小贴士**
>
> 人的创意有了不起的能量。任何创意的结果,都是思考的馈赠。人世间最美妙绝伦的东西就是思维的花朵。思索是才能的钻探机,是创造的前提。因此,独立思考是成功人士所钟情的能力。

勤思考才可能创新

以前厂家生产的冰箱,冷冻室一直都在冰箱的顶部位置,因为冰箱中冷空气的比重较大,它会自动地自上而下流动,将冷冻室放在冰箱的顶部,有利于冰箱对冷空气的利用。

大多数人都认为这样的设计是合情合理的。

但是,日本夏普公司的科研人员对此产生了怀疑。因为人们从冷藏室取放东西的次数要比从冷冻室取放东西的次数多得多,电冰箱冷冻室的位置占据在顶部给人们带来诸多不便,因此它的位置也就不太理想了。

经科研人员分析,只要将冷冻室和冷藏室的上下位置互换,只要能把下面冷冻室的冷空气提升到冰箱的上半部就可以解决这个问题。

沿着这样的思路,他们很快想出了解决办法:在冰箱内安上风扇和一些通风管道,通过它们将下面的冷空气提升到上面的冷藏室。

这种新型冰箱刚一上市,很快就赢得了许多顾客的青睐。

下厨房煎过鱼的人都知道,煎鱼时鱼肉往往总是粘锅,煎出来的鱼东缺一块西少一块,令围桌而坐的客人大倒胃口,本想露一手厨艺的主人会因此感到非常沮丧。

日本有一位家庭主妇,也常为此事而烦恼。她经过仔细观察,发现这种情况是由于锅底加热后,鱼油滴在热锅底上造成的。怎么才能消除这种难堪呢?

有一天她突然产生了一个奇怪的想法:能不能不在锅的下面加热,而在锅的上面加热呢?她尝试了几种从上面烧火,把鱼放在火下面的做法,效果都不满意。

经过多次试验，最后她想到了"在锅盖里安装电炉丝"这么一个从上面加热的办法。终于制成了令人满意的"煎鱼不糊的锅"。

小贴士

创新能力是人的能力中最重要、最宝贵、层次最高的一种能力。其核心能力是创新思维能力，正如爱因斯坦所说："人是靠大脑解决一切问题的。"人头脑中的创新思考活动是人的创新实践活动中的"骨髓""基石"。没有思考中的创新，就没有实践中的创新。

第十二辑　让思维推进创新

贷款的犹太富豪

一位犹太大富豪走进一家银行。

"请问先生,您有什么事情需要我们效劳吗?"贷款部营业员一边小心地询问,一边打量着来人的穿着:名贵的西服、高档的皮鞋、昂贵的手表,还有镶宝石的领带夹子……

"我想借点钱。"

"完全可以,您想借多少呢?"

"1美元。"

"只借1美元?"贷款部的营业员惊愕地张大了嘴巴。

"我只需要1美元。可以吗?"

贷款部营业员的脑袋立刻高速运转起来,这人穿戴如此阔气,为什么只借1美元?他是在试探我们的工作质量和服务效率吧?于是便装出高兴的样子说:"当然,只要有担保,无论借多少,我们都可以照办。"

"好吧。"犹太人从豪华的皮包里取出一大堆股票、债券等放在柜台上,"这些做担保可以吗?"

营业员清点了一下,"先生,总共50万美元,做担保足够了,不过先生,您真的只借1美元吗?"

"是的,我只需要1美元。"

"好吧,请办理手续,年息为6%,只要您付6%的利息,且在一年后归还贷款,我们就把这些做担保的股票和证券还给您……"

犹太富豪走后,一直在一边旁观的银行经理怎么也弄不明白,一个拥有50万美元的人,怎么会跑到银行来借1美元呢?

他追了上去:"先生,对不起,能问您一个问题吗?"

"当然可以。"

"我是这家银行的经理,我实在弄不懂,您拥有50万美元的家当,为什么只借1美元呢?"

"好吧！我不妨把实情告诉你。我来这里办一件事,随身携带这些票券很不方便,便问过几家金库,要租他们的保险箱,但租金都很昂贵。所以我就到贵行将这些东西以担保的形式寄存了,由你们替我保管,况且利息很低,存一年才不过6美分……"

经理如梦方醒,但他也十分钦佩这位先生,他的做法实在太高明了。

小贴士

既然租保险箱很贵,不妨到银行贷款,将要寄存的票券以担保的形式做寄存。从结果去寻找解决问题的方法,犹太商人的逆向思维能力令人钦佩。有时问题的解决就需要你敢于"猛回头"的逆向思维精神。

不断突破自我

一位搏击高手参加一场比赛,自负地以为一定可以夺得冠军,却不料在最后的赛场上,遇到一个实力强劲的对手。双方皆竭尽了全力出招攻击,搏击高手发觉,自己竟然找不到对方招式中的破绽,而对方的攻击却往往能够突破自己的防守。

他郁郁寡欢地回去找师父,一招一式地将对方和他对打的过程再次演练给师父看,并央求师父帮他找出对方招式中的破绽。

师父笑而不语,在地上画了一道线,要他在不擦掉这条线的前提下,设法让这条线变短。

搏击高手苦思不解,最后还是放弃思考,请教师父。

师父在原先那条线的旁边,又画了一道更长的线,两者相较之下,原先的那条线看起来变得短了许多。

师父缓缓言道:"夺得冠军的重点,不在于如何攻击对方的弱点。正如地上的长短线一样,只要你自己变得更强,对方正如原先的那条线一般,也就无形中变得软弱了。怎样使自己更强,才是你需要苦练的。"

搏击高手听后,言下大悟。

搏击手没有想到的东西，其实正是师父的高明之处，师父的思维是典型的跳跃思维，只有突破自己的思维极限，想自己所未曾想，才能不断地突破自我，达到更高的境界。

逆向思维的威力

有一个国家，因为当时还没有发明鞋子，所以人们都赤着脚，即使是冰天雪地也不例外。国王喜欢打猎，他经常出去打猎，但是他进出都骑马，从来不徒步行走。

有一回他在打猎时偶尔走了一段路，可是真倒霉，他的脚让一根刺扎了。他痛得"哇哇"直叫，把身边的侍从大骂了一顿。第二天，他向一个大臣下令：七天之内，必须把城里大街小巷统统铺上毛皮。如果不能如期完工，就要把大臣处死，一听到国王的命令，那个大臣十分害怕。可是国王的命令怎么能不执行呢？他只得全力照办。大臣向自己的下属官吏下达命令，官吏们又向下面的工匠下达命令。很快，往街上铺毛皮的工作就开始了，声势十分浩大。

铺着铺着就出现了问题，所有的毛皮很快就用完了。于是，不得不每天宰杀牲口。一连杀了成千上万的牲口，可是铺好的街还不到百分之一。

离限期只有两天了，急得大臣消瘦了许多。大臣有一个女儿，非常聪明。她对父亲说："这件事由我来办。"

大臣苦笑了几声，没有说话。可是女儿坚持要帮父亲解决难题。她向父亲讨了两块皮，按照脚的模样做了两只皮口袋。

第二天，姑娘让父亲带她去见国王。来到王宫，姑娘先向国王请安，然后说："大王，您下达的任务，我们都完成了。您把这两只皮口袋穿在脚上，走到哪儿去都行。别说小刺，就是钉子也扎不到您的脚上！"

国王把两只皮口袋穿在脚上，然后在地上走了走。他为姑娘的聪明而感到惊奇，因为穿上这两只口袋走路舒服极了。

国王下令把铺在街上的毛皮全部揭起来。很快，揭起来的毛皮堆成了一大堆，人们用它们做了成千上万双鞋子。

大臣的女儿不但得到了国王的奖赏，而且受到全国老百姓的尊敬。自此后，人们开始穿鞋子，并想出了不同的样式。

小贴士

从结果出发，寻找解决问题的方法，这种思维方式就是逆向思维。既然国王只是不想让脚被刺扎到，那就可以将脚包上，这样既简单又有效；而要把所有的街道都铺上毛皮的传统方法，既费时又费力，还不一定能办到，这就显示出逆向思维的威力了。

黑石子与白石子

在欠债不还便足以使人入狱的年代，有位商人欠了一位放高利贷的债主一笔巨款。那个又老又丑的债主，看上商人青春美丽的女儿，便要求商人用女儿来抵债。

商人和女儿听到这个要求都是十分恐慌。狡猾伪善的高利贷债主故作仁慈，建议这件事由上天安排。他说，他将在空钱袋里放入一颗黑石子，一颗白石子，然后让商人的女儿伸手摸出其一，如果她选中的是黑石子，她就要成为他的妻子，商人的债务也不用还了；如果她选中的是白石子，她不但可以回到父亲身边，债务也一笔勾销；但是，假如她拒绝探手一试，她父亲就要入狱。

虽然是不情愿，商人的女儿还是答应试一试。当时，他们正在花园中铺满石子的小径上，协议之后，高利贷的债主随即弯腰拾起两颗小石子，放入袋中。敏锐的少女察觉到：两颗小石子竟然全是黑的！女孩不发一语，冷静地伸手探入袋中，漫不经心似的，眼睛看着别处，摸出一颗石子。突然，手一松，石子便顺势滚落在路上的石子堆里，分辨不出是哪一颗了。

"噢！看我笨手笨脚的！"女孩说道，"不过，没关系，现在我们只需看看袋子里剩下的这颗石子是什么颜色，就可以知道我刚才选的那一颗是黑是白了。"

当然，袋子剩下的石子一定是黑的，恶债主既然不能承认自己的诡诈，也就只好承认她选中的是白石子。

小贴士

反向思维，往往能够收到意想不到的效果。不看拿出的石头，而看剩下的石头，故事中的少女凭着反向思维的智慧一举击败了商人，粉碎了他的阴谋。在现实生活中也有很多问题是可以反向思考的，聪明的你不妨试试看。

借鉴带来的商机

哈姆威是西班牙的一个制作糕点的小商贩。在北美狂热的移民中，他也怀着掘金的心态来到了美洲。

但美洲并非是他想像中的遍地是金，他的糕点在西班牙出售和在美国出售，根本没有多大的区别。

一年夏天，哈姆威知道美国即将举行世界博览会，他把自己的糕点工具搬到了会展地点路易斯安那州。庆幸的是，他被政府允许在会场的外面出售他的薄饼。

他的薄饼生意实在糟糕，而和他相邻的一位卖冰激凌的商贩的生意却很好，一会儿就售出了许多冰激凌，很快他把带来的用来装冰激凌的小碟子用完了。

心胸宽广的哈姆威见状，就把自己的薄饼卷成锥形，让它来盛放冰激凌。

卖冰激凌的商贩见这个方法可行，便买了哈姆威的薄饼，大量的锥形冰激凌便进入客商们的手中。

但令人意料不到的是，这种锥形的冰激凌很被客商们看好，而且被

评为"世界博览会的真正明星"。

从此,这种锥形冰激凌开始大行其道,这就是现在的蛋卷冰激凌。它的发明被人们称为"神来之笔",有人这样假设,如果两个商铺不靠在一起,那么今天我们能不能吃上蛋卷冰激凌也很难说。

小贴士

借鉴是一种极为有效的创新方式,借鉴别人的东西,经过自己的思维将它做轻微改动,一个好的创意也许就此诞生了。这种高明的移植思维很值得每个人去学习。

简化思维也是一种创意

苏联火箭专家库佐寥夫为解决火箭上天的推力问题而苦恼万分,食不甘味,他的妻子在问明原因以后,说:"这有何难呢,像吃面包一样,一个不够再加一个,还不够,继续增加。"他一听,茅塞顿开,采用三节火箭捆绑在一起进行接力的办法,终于成功地解决了火箭上天的推力难题。在这里,成功就是想到了一个简单的数学加法。

有一家经营精密制造的大公司,拥有主要由世界著名企业构成的客户群。不料,在一段时间里该公司接连出现了较严重的产品质量问题,客户纷纷要求退货,并按程序发出停止供货通知书。对此,该公司内部意见纷纭,人心惶惶,公司处于全面紧张之中。面对这样的情境,总经理立即采取了一个简单而坚决的做法——调换制造部经理,全力制订改善方案。结果,在很短的时间里,质量问题得以解决,人际关系也被理顺,客户又重新高兴地发来了新订单。他成功地解决了这个看似复杂而又令人头痛的问题。在这里,成功就是简单地换掉了一个人,并提高了产品质量。

小贴士

这两个故事最后的解决方案其实都是很"简单",这里运用的其实是

"简化思维"。有时候，一些问题看似复杂，但只要你别给自己设置太多的思维障碍，"简单"地想一想，一个好创意也许就此诞生了。

"屎壳郎耕作机"

1975年8月的一天，炙热的太阳烘烤着大地。

四川省汶川县白岩村的农民青年姚岩松，正坐在一棵树下乘凉。这时他意外地看到脚旁有一只"屎壳郎"，正推着一团很大的泥球缓缓地向前爬行。

这一十分平常的现象引起了姚岩松的兴趣，屎壳郎在前面爬，他蹲在地上跟着看，瞪大两只眼睛观察了半天，似乎悟到了什么又似乎越来越满头雾水。

第二天他起了个大早，在山坡上又找到一只屎壳郎。为了进一步观察，他用一根白线拴了一小块泥团，套在屎壳郎身上，让它拉着走。

奇怪的是，这块小泥团比昨天的轻得多，可是"屎壳郎"怎么也拉不动。姚岩松又找了几只屎壳郎来做同样的试验，结果都一样。

这时，姚岩松如梦初醒，原来拉比推费劲，能够推得动的东西不一定能拉动。

他曾开过几年拖拉机，因为不能行驶在自己家乡又狭又小又高又陡的山地上深感遗憾。这时他脑中忽然闪现出一个想法：能不能学一学屎壳郎推泥团，将拖拉机的犁放在耕作机的前面呢？

根据这一联想，他把从山上采摘来的茅花秆一节一节地切断后，分别制成"把手""机身""犁圈"等，经过几天辛勤忙碌，终于制作出一台用茅花秆和铁丝做成的耕作机模型。3个月后，姚岩松耗资千元制作的耕作机开进了地里，但它如一头暴躁的小牛，不听使唤。姚岩松为此寝食不安。一天，在岷江河畔他被一台推土机吸引住，他看出推土机主要是靠履带才具有特定性强、着地爬动力好的特点。他又联想到，耕作机安上履带不就可以解决同样的问题了吗？

又经过几个月的努力工作，姚岩松终于制成了第一台"履带式耕作机"，但还是没有取得令人满意的效果。又经过数百次的改进、实验，直到1992年2月，才成功地推出第十台"屎壳郎耕作机"，它以推动力代替牵引力，突破了耕作机传统的制造方式，具有创造性、新颖性和实用性，在国内属于首创。

姚岩松发明的"屎壳郎耕作机"，体积小，重量轻（64公斤），一个人就可以背上山；它还可以在石梯上行进，能爬45度的坡，两个小时耕的地就相当于一头牛一天的工作量，而它的价格只相当于一头牛。由于它具有如此众多的优点，要求联合生产的厂家络绎不绝。

小贴士

姚岩松运用事物之间的相似性，由屎壳郎推土块，联想到将拖拉机的犁由车身后置改为车头前置，因为他想到"推比拉的力量大"；他由推土机的履带又联想到给耕作机安装履带，发明创造了"屎壳郎耕作机"。这是联想思维应用在发明创造上的典型案例。

让思维发散开来

有一位老师为了考验学生的快速应变思维能力，提了这样一个问题："空中两只鸟儿一前一后地飞着，用什么办法能一下子把他们都捉住？"

学生们你一言我一语地说：用大网、用气枪、用大麻袋……学生们不一会儿就说出了各种各样的方法，但大家感到这些方法虽然可行，但都不是太好。

最后，老师的回答大大出乎学生的意料：

"用照相机抓拍！"

用拍照的方法，太妙了！瞬间就能留下永恒。

看着大家充满惊奇的眼神，老师微笑着说，这道题需要打破常规，用创新思维去领悟。题目要求把两只鸟一下子都抓住，并没有说要都抓在手中或其他什么工具中，所以，只要用相机抓拍，一下子就能"抓住"，既轻巧又省力，而且可以永久留念。大家顿时恍然大悟，茅塞顿开。

小贴士

问题答案并非只有一个，将你的思维发散开来，你会发现要想抓住那两只鸟，方法其实有很多，打破常规，找到最精彩的答案，你需要运用自己的发散思维，去"天女散花"。

整体思维与逆向思维

一天，一位犹太教授在上课的时候跟学生们讲了一个小故事。教授问学生："有两个烟囱工人从烟囱里爬出来，一个干净，一个肮脏，请问谁会去洗澡？"

学生们都觉得这个问题还用得着回答吗？异口同声地说道："当然是肮脏的工人会去洗澡。"

教授不置可否地说道："真的吗？试想一下，干净的工人看见肮脏的工人那么黑，他一定会觉得自己身上也很脏。肮脏的工人看到干净的工人很白净，就不这么想了。我想再问你们，哪个工人会去洗澡？"

这下，经过教授的这一提示，一个学生主动站起来说："干净的人看见肮脏的工人，以为自己也很脏，所以干净的工人会去洗澡。"所有的学生没有一个人提出异议，都很赞同，因为这一答案可是教授自己说的。

可是教授又笑着告诉大家："答案还是错的。"所有学生，都疑惑不解。这时，教授接着说道："道理很简单，两个工人，扫完烟囱，再爬出来以后，怎么可能是一个工人肮脏，一个工人干净呢？"所有的学生一片哗然。

小贴士

这位犹太教授讲的故事真是精彩，他不但说明一个人需要从整体上思考问题，还应该有逆向思考的能力。说起来整体思维和逆向思维更是两种十分高明的思维,任何一个想有所创新的青年,都必须好好培养自己的这两种思维能力。

老人与踢足球的孩子

在一个叫福罗里德的小镇,有一位刚出院的老人。他的子女为了让他能有一个更好的环境养病,在小镇的附近买了一栋小小的别墅。老人很快就搬进了别墅,那里的确是一个很好的养病处所。可是过了不久,这种宁静的日子就被几个淘气的小男孩打破了,他们每天清晨总是到别墅附近来踢足球。强烈的噪声,使老人不得安宁,并且小镇的居民也深受其害。大家想尽了办法来阻止这些淘气男孩的恶作剧,但都无济于事,而且似乎还越加严重。

老人实在无法忍受男孩们制造的噪声,便想出一个很好的办法让他们离开。这天早晨,男孩们又继续来踢足球,老人走出来对他们说:"你们踢足球发出的声音,让我想起了我的童年生活,我非常的喜欢。不知你们能不能帮我一个忙,我会给你们一定的报酬。"男孩们很开心地问老人:"你要我们帮什么忙呢?"老人说:"如果你们每天早晨能按时来这里踢足球的话,我会给你们每人一块钱作为报酬。"男孩们想不到自己的恶作剧居然还能得到报酬,非常高兴地就答应了老人。

从那天以后,他们每天更加卖力地踢球。过了几天,老人又对这几个孩子说:"我最近因为买了一个按摩椅花了一大笔钱,以后每天只能给你们每人五角钱了,不知道你们是否还愿意帮我?"男孩们听了很不高兴,但是想想反正踢球最初只是为了能够快乐,也就同意了。但是他们踢得已经明显没有以前那么卖力了。又过了几天,老人愁容满面地对几个小男孩说:"我的养老金减少了,以后每天只能给你们每人两角五分钱了,不知你们是不是愿意继续为我踢球?""什么?只有两角五分?"一个男孩大叫道。另一个男孩说:"只给我们两角五分钱就想要我们在这里踢球,简直就是浪费我们的时间,我们不干了!""对,我们不干了。"另外几个男孩纷纷说道。

第二天，果真没有听到踢球的噪声了。从此，老人又拥有了一个安静的休养环境。

小贴士

曲线型思维有多高明我们从故事中就可以有所感悟了。老人通过奖赏的方式，欲擒故纵，将踢球的孩子引入一个误区，然后放出"杀手锏"，从而轻松地达到了自己的目的，很值得我们深思。

跳跃思维带来的答案

有这样一个问题：某个环境美化设计师喜好对称。他想在一个公园中种植四棵树，要求每一棵树离其他三棵树的距离都是相等的。

这个设计方案该怎么做呢？

通常，有人马上找到线索：让三棵树组成一个等边三角形，而另外一棵树处在这个三角形的中央。其实仔细想一想，就知道这个答案并不符合题意，因为四棵树相互之间的距离并不均等。

那么，到底该怎样安排这四棵树的布局呢？

或许可以将它们排成一个正方形，但是这也无法满足题目中的要求：四棵树相互间的距离必须是相等的。那么将它们排成一排也不行。至此，在思维的原野上终于看到了一线光明，一个平面上栽种四棵树，无论怎样排列，都是无法满足题意的，思维的突破方向就是要打破平面这个自设的障碍。

新线索找到了，答案也就水到渠成了：让其中三棵树组成一个等边三角形，另外一棵树则种植在中间隆起的小山坡上。

小贴士

跳跃思维是一种高级思维，更是一种极为有效的思维，像故事中的问题那样，如果你不能突破一个平面这个思维的极限，你就不可能找到答案。生活中还有好多这样的例子，这就靠你自己去发现了。

女歌唱家的点子

法国著名女高音歌唱家玛·迪梅普莱有一个美丽的私人林园。每到周末，总会有人到她的林园摘花、拾蘑菇，有的甚至搭起帐篷，在草地上野营野餐，弄得林园一片狼藉，肮脏不堪。

管家曾让人在林园四周围上篱笆，并竖起"私人林园，禁止入内"的木牌，还是无济于事，林园依然不断遭践踏、破坏。于是，管家只得向主人请示。

迪梅普莱听了管家的汇报后，让管家做一些大牌子立在花园周围，上面醒目地写着："如果在园中被毒蛇咬伤，最近的医院距此15公里，驾车约半小时即可到达。"

从此，再也没有人闯入她的林园。

小贴士

女歌唱家的主意的确高明，思维的作用往往就体现在你能换换位置，想想别人是如何想的，那么成功的概率就会相对高一些，这是明显的换位思维方式。换位思维能极大的推动创新产生的概率，为许多发明者所具备。

聪明的禄东赞

唐太宗为了"和蕃"，将文成公主下嫁吐蕃王松赞干布。据说在决定嫁出公主之前，曾有来自各地的四位外国使者，和吐蕃王松赞干布的使者禄东赞一起竞争，请求唐太宗将文成公主嫁给他们的国君。

唐太宗十分为难，为求公平起见，他出了五道难题让竞争者来比赛，赢的人就可以迎娶公主。

其中的两道难题是这样的：

太监拿来一颗孔内有九道弯的"九曲明珠"，让大家分别用一根很细的丝线穿过去。四位使者不停地试到手都打颤了，丝线还是穿不过去。这时只见禄东赞找人捉来了一只大蚂蚁，将丝线轻轻拴在蚂蚁身上放入孔内，而在另一个孔端抹上一些蜜糖。很快，蚂蚁就由这一端爬到另一端，而将丝线也带了出去。

太监将大家带到马厩里，马厩的两边各关 100 匹母马和 100 匹小马。太监让使者们轮流辨认出每匹小马的妈妈。

使者们将栅栏打开，让小马到母马堆里，但是似乎并没有效果，因为母马看也不看小马一眼，小马也自顾自地玩耍。许多使者只好根据马身上的花纹随便乱猜乱配。

当轮到禄东赞来辨马时，只见他要仆役将小马们关上一天，并且不给水喝。第二天仆役打开了栅栏，渴极了的小马们纷纷奔向自己的妈妈找奶吃，于是，他很轻易地又过了这一关。

聪明的禄东赞运用了简单的方法便赢得了比赛，最后终于为他年轻的吐蕃君王娶回了文成公主。

小贴士

上述故事淋漓尽致地向我们展示了简化思维的巨大魅力，并寓示着只要善于思维更新与变换，许多困境中的事情都会迎刃而解。

巧用系统思维

1992 年，广州出了个当时中国最年轻的亿万富翁——卢俊雄，他当时年仅 25 岁。他有一套独特的创富方法，连环法就是其中的一种。

所谓连环法，就是同时做几件事，一环套一环，环环相扣，紧密相连，前者为后者打基础，后者巩固前者的成果。

卢俊雄就用这种方法取得了一连串的成功。1992 年 12 月，卢俊雄的华龙公司在中山七路建造了一座 1 400 平方米的"城市百货中心"。它装饰新颖，是一流的现代化大商场。

卢俊雄把刚完工的商场全部以招租的方式租出去，他却用独到的方法使之很快满员，那就是以退还租金的方式吸引租户。一般的招租是几年后一次还租，而他的方式却是一个摊位一次收 10 年租金 5 万元，每年退回其中的 10%，并包括利息；同时，每个摊位收取比市场价低 2/3 的管理费。结果只用了 23 天，就把 220 个摊位全部租出，华龙公司一下子收到了 1 000 多万元的资金。

这样，卢俊雄很快就把建造大楼投入的资金全部收了回来，实际上，华龙公司只花了 2 000 元的招租广告费，就建起了一个现代化的大商场。这不是很独到的高招吗？

卢俊雄的第一环，赚了一大笔钱。但他并不想让放在口袋里钱发霉，也不想存到银行得点利息，而是把它潇洒出手，发挥更大的威力。

他一眼看准了人口稠密的西华路上的旧商场，并投巨资建成了"今金购物城"。

新落成的今金购物城，还是对外招租。但招租办法有别于上一次：租期 20 年，先向摊主提供所需的摊位面积，之后按要求分割成玻璃房间。每平方米 20 年的租金为 5 万~7 万元。公司每年向租者退还 5% 的租金。更具诱惑力的是每租 1 平方米，就可以得到公司赠送的 1 平方米位于新塘的土地。那里马上开发，地价肯定猛涨，承租者有利可图，因而纷至沓来，卢俊雄一下子又赚到了 4 400 万元的租金！在成功的基础上，卢俊雄又打出了第三拳，方向是汽车服务业。

卢俊雄接着设计出在东华路兴建"东方车行"的蓝图。根据中国很快要加入世贸组织的形势，卢俊雄认为中国将会刮起汽车旋风。为此，汽车、摩托车等服务业一定要跟上。

对这个东方车行，卢俊雄仍决定用招租的方式将其出租但又改变了操作方式：一次收齐租金，然后在 5 年内退完，平时的管理费以利息代替。在即将掀起汽车、摩托车服务业高潮的背景下，一些有眼光的承租者纷纷在东方车行门前排起了长队。结果，华龙公司又得到了 750 万元的租金！三环连套，效益显著。

1992 年，广州市政府下令整顿临时食摊，要求所有大小排档一律在 2 年之内进屋经营。

市政府的一道命令，马上成为卢俊雄做生意的一条信息！他当机立断决定建"美食城"。仅用了一年多的时间，就建成了一座风格独特的美食城，于1993年春节前在中山八路开业。一些大小排档的摊主们，又排起了承租的长队。其最大特点是按月收取租金，卢俊雄每年可收600万元租金。

卢俊雄将这600万元作为前三项每年退回租金的保证，不仅够用，而且有余。

他在一年的时间内，同时展开四大项目：百货中心、今金购物城、东方车行和美食城。四种行业几乎同时进行，相互关联，一环套一环，四大动作，一气呵成。

小贴士

找到事物的相似点，往往就能够把不同的事物组合起来，从而产生新的创意。在一般情况下，组合之后的事物，所产生的功能和效益，并不等于原先几种事物的简单相加，这就是"1＋1＞2"的道理。对于无处不在、无时不在的联系，我们不能兀自闭着眼睛，等闲视之。这就是系统思维的威力所在。

音乐里的移植思维

19世纪的维也纳，国王在公共场所出场时，人们要欢呼三次以示隆重。可1824年5月7日贝多芬的《第九交响曲》首次演出后，热情激动的观众竟欢呼达五次之多，直到警察出面制止才停止了这么狂热的场面。

《第九交响曲》是乐圣贝多芬登峰造极的音乐作品。贝多芬，这个"震惊世界的人"（著名作曲家莫扎特语）的震惊世界的作品《第九交响曲》，正是移植思维模仿之作。贝多芬的模仿表现在三个方面：

其一是思想模仿。贝多芬生活在德国，他通过康德、席勒等人的作品，对卢梭的法兰西共和思想十分憧憬和向往，因而在他的《第九交响曲》中充分体现出这种共和思想。

其二是音乐模仿。贝多芬在《第九交响曲》创作过程中，收集了大量的与卡比尼风格相近的法国音乐家缪尔的作品，并将他们的风格渗透到自己的创作中去。

其三是作曲技法的模仿。贝多芬在《第九交响曲》第四章《欢乐颂》的合唱中，模仿了卡比尼和缪尔的作曲技法。

但谁也不能说《第九交响曲》思想是卢梭的，音乐是缪尔的，作曲技法是卡比尼和缪尔的。这些在《第九交响曲》中统统消失了，都融进该曲并成其为有机的部分不能分离以致不能分辨了。这就是创造技法中突破式的模仿。

小 贴 士

贝多芬应用移植思维创作的《第九交响曲》是世界音乐的巅峰之作，虽然曲子中有三种模仿，但模仿后的综合更是一种创新。贝多芬也因他的创新而在艺术史上永垂不朽。

第十三辑 他山之石可以成创新之玉

黛娜的小店

黛娜贷款在市中心公园开了一家美容小店,开始自己的创业之路。

美容小店艰难地起步了,在花花绿绿的现代社会里并不起眼,而且尤为糟糕的是在黛娜的预算中,根本没有广告宣传费。正当黛娜为此烦恼时,她收到一封律师来函。这位律师受两家殡仪馆的委托控告她,告诉她要么不开业,要么就改变店外装饰。原因是美容小店花哨的店外装饰,破坏附近殡仪馆庄严肃穆的气氛,从而影响了业主的生意。

黛娜灵机一动,打了一个匿名电话给一家有影响力的报社,声称黑手党经营的殡仪馆正在恫吓一个手无缚鸡之力的可怜女人,这个女人只不过想开一家经营天然化妆品的美容小店维持生计而已。

这家报社十分好奇,并在显著位置报道了这个新闻,不少富有同情心的读者都来美容小店安慰黛娜。由于舆论的作用,那位律师也没有再来找麻烦。

就这样,她的美容小店广为人知,名声传开了。

然而不久,一切发生了戏剧性的变化:顾客渐少,生意日淡。

经过深刻的反思,黛娜发现,新奇感只能维持一时,不能维持一世。在她看来,美容店虽然别具风格,但给顾客的刺激还远远不够,需要进行宣传。

一个早晨,市民们去公园晨练,发现一个奇怪的现象:一个古怪的女人正沿着街道往树叶上喷洒草莓香水。她就是黛娜——美容小店的女老板。她的这些非常奇特且意外的举动,又一次上了报纸的版面。

后来,广告商热情洋溢地主动提出要为美容小店做广告。他们相信,美容小店一定会接受他们的热情,因为在美国,离开了广告,商家几乎寸步难行。黛娜却拒绝了:"对不起,小店的预算费用中没有广告费用这一项。"

美容小店离经叛道的做法,引起商界议论纷纷。要想在商界立足,若无大量广告支持,无异于自杀。

敏感的新闻媒介没有漏掉这一奇闻，他们在客观报道的同时，还加以评论。大家也开始关注，觉得这家美容小店确实很怪。这实际上已起到了广告宣传的作用，黛娜并没有去刻意策划，但却节省了巨额的广告费。

到后来，美容小店的发展规模及影响足以引起新闻界的瞩目时，黛娜更没有做广告的想法。黛娜就是依靠这一系列标新立异的做法使最初的一间美容小店扩张成跨国连锁美容集团。公司上市之后，她很快也步入亿万富翁的行列。

小贴士

每一个人身上都蕴藏着无限的潜在创新力，问题是看你如何认识"我能创新"这一点。创新力的开发受后天的诱导，特别是会因本身努力的程度和方式不同而出现很大的差异，只要认真培养与开发自己的创新力，就有可能收到意外的效果。

条井正雄的饭店

日本冈山市有栋非常漂亮气派的5层钢筋水泥大楼。这栋大楼就是条井正雄所拥有的冈山大饭店。然而，谁也没想到，条井正雄当年身无分文却盖起了这栋大楼。

条井正雄以前是一个银行的贷款股长，一直负责办理饭店旅馆业的贷款工作。10年的工作，使他不知不觉积累了丰富的旅馆经营知识，这时心里自然也产生了经营旅馆的欲望。为了求得更完整的方案，他实地做过精密的调查，调查结果：来冈山市的旅客，有97%是为商务而来的，然后，他又在公路边站了3个月，调查汽车来往情况。然而当时，冈山市的旅馆却没有一家像样的停车场设施。他这样构思，将来新盖的饭店，必须具有商业风格，而又附设广阔的停车场，以此来吸引旅客。他又花费1年时间，制成几张十分阔气的饭店设计图纸和一份经营计划书。抱着试试看的心情，他来到冈山市最大的建筑公司碰运气。公司的一位主

第十三辑 他山之石可以成创新之玉

管看了条井正雄的设计后,问他:

"你准备用多少资金来盖这栋大楼?"

"我一分钱也没有,我想,先请你们帮我盖这栋大楼,至于建筑费等我开业之后,分期付给你们。"条井正雄泰然自若地回答。

"你简直是在白日做梦,真是太天真啦,请你把这个设计图拿回去吧!'"

"这几张图纸和计划书是我花了两年的时间搞成的,我认为很完整。请你们详细研究,我以后再来讨教!"条井正雄不敢多言,把设计图丢在那里,掉头就走。

半个月后,奇迹发生了,这个建筑公司约他去面谈。该公司的董事和经理济济一堂,从上午8点到下午4点,一个接一个向他问各式各样的问题,那种场面真是令人心惊肉跳。然而,令人吃惊的事终于发生了,建筑公司决定花2亿日元替这位身无分文的先生盖饭店。

一年后,饭店落成了,条井正雄成了老板。

小贴士

任何人都有可能积聚起庞大的财富,当你的积蓄很有限时,那么不妨借用别人的钱来为你自己做事。有很多人他们一生中都在"用别人的钱赚钱",这种"借鸡生蛋"是一种别具一格的创新。

如何将电线穿过管道

一家建筑公司的经理忽然收到一份购买两只小白鼠的账单,不由觉得奇怪。原来这两只老鼠是他的一个部下买的。他把那部下叫来,问他为什么要买两只小白鼠?

部下回答道:"上星期我们公司去修的那所房子,要安装新电线。我们要把电线穿过一个10米长,但直径只有2.5厘米的管道,而且管道是砌在砖墙里,并且弯了4个弯。我们这些人想了半天,谁也想不出怎么让电线穿过去,最后我想了一个主意。

"我到一个商店买来两只小白鼠,一公一母。然后我把一根线绑在公鼠身上并把它放到管子的一端。另一名工作人员则把那只母鼠放在管子的另一端,逗它吱吱叫。公鼠听到母鼠的叫声,便沿着管子跑去救它。公鼠沿着管子跑,身后的那根线也被拖着跑。我把电线拴在线上,小公鼠就拉着线和电线跑过了整个管道。"

小贴士

既然电线用常规的手段不好办,那就找找帮手吧,这位部下想出一个绝好的点子,他巧借白鼠的力量顺利地解决了问题,不能不为他的精妙创意拍案叫绝。有时,借助外力创新更能显现一个人的智慧。

洛维格的"借术"

洛维格第一次做的生意只是一艘船的生意。

听说某处海底有一艘沉船,他就雇人把一艘沉入海底的柴油机动船打捞出来,这艘船已经沉没很久。他用了4个月的时间将它维修好,然后将船承包给别人,自己从中获利50美元。这使他很高兴,也很高兴父亲能借钱给他,他明白了借贷对于一贫如洗的人创业是多么重要。

可是,在创业初期,他总是被债务所扰,屡屡有破产的危机。他始终也没有跳出平常的思维,达到一种有希望的新境界。就在洛维格进入而立之年时,突然来了灵感。他决定买条一般规格的旧货轮,然后动手把它改装成赚钱较多的油轮,但他手里资金不够,为了达到这个目的,他找了几家纽约银行,希望银行能贷款给他,但是却都遭到了拒绝,理由是他没有可做担保的东西。面对着一次次的失望,洛维格并不气馁,而是产生了一个不合常规的想法。洛维格有一艘老油轮,这艘油轮仅仅只能航行,他将这艘油轮以低廉的价格包租给一家石油公司。然后他去找银行经理,告诉他自己有一条被石油公司包租的油轮,租金可每月由石油公司直接拨入银行来抵付贷款的本息。这种奇异而超常的思维使洛维格敲开了财富的大门。经过多番努力,纽约大通银行终于答应贷款给他。

拿到银行的贷款后,洛维格马上买下了他想要的货轮,然后动手将货轮加以改装,使之成为一条航运能力较强的油轮。他采取同样的方式,把油轮包租出去,然后以租金做抵押,再到银行贷款,然后又去买船。就这样不断循环,像神话一样,他的船慢慢变多,而他每还清一笔贷款,便有一艘油轮归他所有。随着贷款的还清,那些包租船便全部划在他的名下了。

小贴士

创富需要创新,大胆地在"借"字上下工夫,往往能创造奇迹。故事主人公的"借术"更加深了我们对于创富中创新重要性的感受。

消毒外科学的诞生

一百多年前,医生们虽已经能够进行外科手术,但是死亡率却非常高。十个手术病人中,一半以上的病人会因感染而死去,明明手术很成功,但伤口却很容易发红发肿,化脓溃烂,最后痛苦地死去。医生们搞不明白这是什么原因,也不知道怎么防止感染。

英国医生李斯特是一个很出色的外科医生,虽然他的外科技术很高超,但也无法防止病人手术后的感染,经常眼睁睁地看着病人死去。苦恼的李斯特一直在积极寻找着解决问题的办法,与其他外科医生不同的是,他的目光并没有仅仅局限于外科手术这一狭小的范围之内。

有一次,李斯特看到法国出版的一本生物学杂志,里面有一篇法国科学家巴斯德的探讨生命起源的论文。论文中讲到巴斯德通过大量实验证明:生命不是无中生有,是空气中的生命孢子进入的结果;有机物的腐败和发酵也是微生物进入的结果。

这篇文章表面看起来与李斯特的外科手术并没有直接关系,但李斯特却从中汲取了丰富的营养。他想：病人伤口的感染化脓，不也是一种有机物的腐败现象吗？这个看不见的微生物世界，影响着我们的生活，也肯定影响着外科手术。

依据这种思想，李斯特在手术之前严格地洗手，将手术器械严格地煮沸，用煮沸过的纱布包扎伤口，以防止空气中的微生物感染伤口。后来他又寻找到一种杀灭细菌的药剂。运用这些办法以后的手术，死亡率大大降低。就这样，李斯特从一篇表面上看来似乎毫不相关的文章中得到启发，创立了消毒外科学。

小贴士

"他山之石，可以攻玉"，任何知识都是相互关联的，没有绝对独立的学科。李斯特依据巴斯德的理论成功创立消毒外科学，更充分地说明了这一点。因此，青少年朋友在学习中，也应该广泛猎取，不断扩大自己的知识面，说不定就可以搞出一些别出心裁的小创新。

往树洞里灌水

文彦博，北宋人，官至宰相，前后历四朝，为官五十余年。

小时候他天资聪慧，爱动脑筋，灌穴取球的故事，广为流传。

一天，他和几个小朋友一同踢皮球，正玩得兴高采烈。突然，一个小朋友用劲过猛，一下子把球踢得老远，小朋友欢叫着，跟着滚动的球奔跑追赶，不幸的是，皮球正好滚进了一个很深树洞中。一个性急的小朋友，撸起袖子趴下伸手就掏，由于树洞很深，根本没法摸到。小朋友们你看看我，我看看你，都束手无策。这时，一直站在树下，手托小脑袋沉思的文彦博中说："球能浮在水上，咱们往洞里灌水吧，树洞灌满了水，球不就浮上来了吗？"大家听了，都跳着蹦着拍手叫好，并到离这最近的小朋友家中取来水桶。他们从河里提来水，一桶一桶地灌进了树洞。一会儿，树洞灌满了水，那个皮球果然飘飘悠悠地浮到了水面上。

小朋友们一齐拍手欢叫起来。

小贴士

文彦博根据"皮球能浮到水面上"的经验,采用"借水取球"的方法,巧妙地解决了洞深取球难的难题。这种借用智慧的行动很值得我们学习。有时候,仅凭个人的力量,毕竟是有限的,这时就要巧借外力,从而使要解决的问题迎刃而解。

角荣的买卖智慧

日本角荣建设公司董事长角荣是一位善借外力赚贱的企业家。在发迹之前角荣长期专心经营"没有资金赚大钱"的生意,费了好长一段时间他才想出一套"预约销售"的方法。

譬如有人要卖某处山坡的树木时,他就前去找买主,一找到,他就跟买主接洽。他说:"那座山上的木料价值有100万元以上,主人现在有意以80万脱手,请你把它买下来,两个月内保证赚一成。超出一成利润时,超出部分由我所得,如果赚不到一成时,我可以赔你一成的利润。"角荣又让有钱的朋友给他做连带保证。如果买方把它买下来,买好之后,角荣就代买主销售,结果他往往以买价2倍左右的价格脱手。对买主来说,两个月就有一成的利润,而一成利润比一年的银行利息要多得多,而且有保证,安全可靠,因此找买主并不困难。

这项预约促销的方法,虽然需要有一点社会信用才能办得到,但如果你有信用,有人替你保证,你只要有诚意和勤于跑腿,事业就可以日益壮大。在百业都需要大本钱经营的今天,角荣做这项不要资本的生意确有一套,并且颇有所获。他本来一无所有,经过几年的努力,靠着这种高超的"借术",赚取了10亿日元。

小贴士

创富的过程是艰苦的过程,如果靠一分钱一分钱积攒,不仅时间漫长,而且有可能错过很多机遇,所以,在创富的过程,应当善于借用别人的钱来为自己赚钱。

洛克菲勒的馈赠

第二次世界大战结束后,以美、英、法为首的战胜国准备在美国纽约成立一个协调处理世界事务的联合国。可是他们发现,他们没钱兴建联合国大厦。

当时,刚刚成立的联合国机构身无分文。如果让世界各国筹资,负面影响太大。况且刚刚经历了二次大战的浩劫,各国政府都财库空虚,甚至许多国家财政赤字居高不下,在寸金寸土的纽约筹资买下一块地皮,并不是一件容易的事情。联合国对此一筹莫展。

听到这一消息后,美国著名的洛克菲勒家族马上果断出巨资,在纽约买下一块地皮无条件地赠予了联合国。同时,洛克菲勒家族将毗连这块地皮的大面积地皮全部买下。

对洛克菲勒家族的这一出人意料之举,当时许多美国大财团都吃惊不已,这是一笔不小的数目,而洛克菲勒家族却将它拱手赠出了,并且什么条件也没有。大家纷纷嘲笑:"这简直是蠢人之举!这样经营不出十年,著名的洛克菲勒家族财团便会沦落为著名的洛克菲勒家族贫民集团!"

但出人意料的是,联合国大楼刚刚建成完工,它四周的地价便立刻飙升起来,相当于捐赠款数十倍、近百倍的巨额财富源源不尽地涌进了洛克菲勒家族财团。这种结局,让那些自称为明智的财团和商人们目瞪口呆。

小贴士

对于眼前已经发生了的事情，很多人都分得清轻重，知道去做一些值得做的事情。可要想把握住还未发生的情况，并能从中找到机会，知道哪些事情该做，哪些事情最值得做，这就需要智者的头脑和眼光了。一旦把握住了这样的机会，你就把握住了成功，把握住了财富。

洛克菲勒借联合国的名望赚钱的故事给予我们以足够的启示。

善动脑筋的彼得森

纽约，是冒险家的乐园，也是名人荟萃的地方。在这个纸醉金迷的地方，首饰行业之间的竞争十分激烈。

彼得森是个善于动脑筋的人，他很清楚，要想在竞争激烈的市场上站稳脚跟并且后来居上，除了要有精湛的手艺和高明的经营手段之外，人际关系也相当重要。

他自己就是凭借名人之名来成家立业的。幸运的是，这种机会又一次惠顾了他。

有一天，一位大富翁慕名而来，他拿着一颗名贵的蓝宝石，要求彼得森为他镶一枚与众不同的戒指，准备送给一位著名女影星作为生日礼物。

彼得森当然不会错过这个送上门来的好机会。

他拿着这颗蓝宝石，整整端详了三天。他知道，只在图案上下工夫是不会有惊人之举的，唯有在蓝宝石上打主意。

传统镶戒指的方法，是用戒指把面料包起来。这样的手工艺使近一半的面积被遮盖起来，也就是说一块宝石做成首饰后至少"小"了1/3。

但是不这样做不行，万一安装不牢固，贵重的宝石随时都有可能掉下来丢失，因此一直没人认为这种传统工艺有什么不对。

彼得森早就觉察出这种传统镶法的弊病，但一直没有机会尝试改变这种陈旧的方法。

经过一个多星期的研究实验,他终于发明了一种新颖的连接方法——内锁法。用这种方法包镶出的首饰,宝石的90%暴露在外,只有底部一点面积像果实芥蒂那样与金属连接。

那位著名女影星生日那天,举行了盛大的晚会,一时宾客如云,高朋满座,当女影星出现时,人们的目光都被她手指上那颗璀璨夺目的蓝宝石戒指吸引住了……

女影星的效应是巨大的。那些崇拜女影星的贵妇、小姐们得知这枚戒指出自彼得森之手,都不惜重金请他做首饰,她们都以拥有彼得森亲手制作的首饰为荣。

彼得森由此名声大振,一跃成为纽约首饰行业的泰斗。

小贴士

彼得森之所以声名大振,和他善于利用女明星的名人效应提高自己知名度的做法是密不可分的。在当今社会,很多人都崇拜明星,每个明星都有难以计数的"星迷",利用他们提高知名度,无疑是在做一本万利的免费广告。世界上致富的方法有千千万万,关键还在于你动不动脑。

镜子的魔力

公元218年,罗马人进攻古希腊的叙拉古城。当时这城里的强壮男人都被派到前线作战去了,只留下了少数的士兵,形势万分危急。

指挥官心急如焚,束手无策。这时,有人向他建议说:"城里有一位很有名望的智者,他常常能想出别人想不到的办法来解决难题,我们为什么不请他来退敌?"指挥官一拍脑袋:"对啊,我怎么就没有想到他呢?快,快去把阿基米德请来!"

阿基米德一时也找不到什么办法,他急得在自家院子里走来走去。这时,火红的太阳高挂在天上,阿基米德抬起头,太阳强烈的光线刺痛了他的眼睛。他看了一会儿,突然灵机一动,有了主意。

他马上赶到城楼,向指挥官建议:"快,让全城的妇女每人带一面镜

子,全部集中到城楼上来。"指挥官听了,很是纳闷,可是看到阿基米德自信的神情,还是照办了。为了全城人的安危,也只有把希望寄托在阿基米德的身上了。

过了一会儿,全城的妇女全都奉命上了城楼,她们带来了大大小小、各式各样的镜子。这个时候,阿基米德俨然成了军事总指挥,面对越来越近的敌船,他指着海上的敌船,大声说道:"到时候举起你们手中的镜子,目标对准船上的帆,要一起行动!"

敌船靠得很近了,阿基米德命令道:"瞄准那艘最前面的指挥船,开始!"顿时,全体妇女们一起举起了手中的镜子,刷地直射过去。这时,奇迹出现了,上万面镜子,将太阳光反射到敌船的帆上,巨大的热量立即引燃了船帆,火借风势,整个敌船立即被大火包围起来了……

就这样,阿基米德带着全城妇女们解除了敌人的威胁。

小贴士

牛顿曾经这样评价自己所取得的成就,他说他是站在巨人的肩膀上才能看得更远。善于借用他人的力量,取人之长补己之短,让自己通过创新,出其不意地战胜对手,这才是真正的创新之道。

借用名人效应

在美国肯塔基州的一个小镇上,有一家格调高雅的餐厅。店主人注意到每逢星期二生意总是格外冷清,门可罗雀。

一个星期二的傍晚,店主人闲来无事,随便翻阅了当地的电话簿,他发现当地竟有一个叫约翰·韦恩的人,与美国当时的一位名人同名同姓。这个偶然的发现,使他计上心来。他当即打电话给这位约翰·韦恩,说他的名字是在电话簿中随便抽样选出来的,他可以免费获得该餐厅赠送的双份晚餐,时间是下星期二晚7点,欢迎他偕夫人一起来。约翰·韦恩欣然应邀。

第二天,店主人就在餐厅门口贴出一幅巨型海报,上面写着:"欢迎约翰·韦恩下星期二光临本餐厅"，海报引起当地居民的瞩目与骚动。

到了星期二，来客大增，创造了该餐厅有史以来的最高纪录，大家都要看看约翰·韦恩这位巨星的风采。到了晚7点，店里扩音机开始广播："各位女士、各位先生，约翰·韦恩光临本店，让我们一起欢迎他和他的夫人！"

霎时，餐厅内鸦雀无声，众人目光一齐投向大门，谁知那儿竟站着一位典型的肯塔基州老农民，身旁站着一位同他一样不起眼的夫人。人们开始一愣，当明白了这是怎么一回事之后，便迸发出了欢笑声。客人簇拥着约翰·韦恩夫妇上座，并要求与他们合影留念。

此后，店主人又继续从电话簿上寻找一些与名人同名的人，请他们星期二来晚餐，并出示海报，普告乡亲。于是"猜猜谁来用晚餐""将是什么人来用晚餐"的话题，为生意清淡的星期二带来高潮。

店主人没花一分钱，歪打正着，应归功于他大胆的想法。

小贴士

借用名人效应是一种很高明的智慧，故事中的店主人更是一名利用名人效应来经营的高手，因为他只借用了名人的"名"，根本就没有花什么成本。这种大胆的想法很值得我们借鉴学习。

乔治的经营之道

真正有才能的人会摸索出适合自己的道路。

一家公司的总经理性情暴躁，总是喜欢无故朝下属发脾气。

有一天，黑人推销员乔治再也忍不住了："够了！总经理先生，我现在就辞职，我会过得比现在更好！"总经理冷笑着说："好吧，我倒要看看，你将如何度过自己凄惨的后半生！"

乔治靠自己仅有的200美元招了三名工人，就在原公司的对面租了一间房子，挂出了"黑人化妆品公司"的牌子。乔治知道自己的公司无论在财力、人力、物力都无法与原公司相比,于是他集中精力研制了一种粉质雪花膏。在推销该产品时,他在广告中宣传说:"当你用过某某化妆品之后,再擦上一层乔治的粉质膏,将会收到意想不到的效果。"同事们认为这在无形之中替原公司做广告。乔治却说:"就是因为他们公司的名气大,我们才这样说。打个比方,现在几乎很少人知道我叫乔治,可如果我想办法站到美国总统身边的话,我的名字就会马上世人皆知。推销化妆品也是这个道理。在黑人社会中,他们的化妆品已久负盛名,如果我们的产品能和它的名字一同出现,明着是捧原来的公司,实际上却抬高了我们自己的身价。"这一宣传策略果然很灵验,消费者自然而然地接受了乔治公司的产品,市场被迅速打开了。

因为粉质雪花膏销路一路递增,乔治公司的名字也逐渐被消费者所熟悉,乔治便借此时机,在原公司失去戒备的情况下,接连推出了几种系列产品。现在,乔治公司的化妆品独霸了美国的黑人化妆品市场,而原来那家大公司完全被挤出了市场。

小贴士

突破是创新的核心。创新不是对过去的简单重复和再现,它没有现成的经验可借鉴,也没有现成的方法可套用,它是在没有任何经验的情况下去努力探索。因此,一个想具有创新思维能力的人,首先应有思维的探索性。

郭士纳拯救 IBM

1992年底,78岁高龄的IBM像得了老年痴呆症,一下子陷进亏损50亿美元的泥坑中爬不起来,往日一向威风凛凛的蓝色巨人一下子沦为了没人理睬的乞丐。

猎头公司在两个月内四处游说,但很难找到一位出色的大企业家来重振IBM的雄风。如通用电气公司的首席执行官杰克·韦尔奇就拒绝来挽救IBM;太阳公司首席执行官麦克尼里甚至公开嚷道,"最好别叫我去。"而一些企业专家拯救IBM的构想又令IBM的董事们无法忍受,如当时苹果公司的总裁斯卡利主张把苹果公司和IBM合二为一,并把IBM大部分的业务卖出去。

最后,一个叫郭士纳的哈佛大学毕业的MBA走马上任,成为IBM的新总裁。结果,这个不懂电脑技术的人,却把当初快要死掉的世界上最大的计算机公司盘活了。郭士纳说:"1993年的IBM如果不需要专家,我也不会来,IBM在最困难的时候,最重要的技术如数据库、硬件、软件也还在开发中,但IBM的问题是把自己的能力与客户分开了,我则把两者结合起来,如果我没有这方面的能力的话,我就不是正确的人选。"

"外来的和尚好念经",郭士纳在来IBM之前,曾成功地担任纳贝斯科公司的总裁及董事长、美国运通公司总裁。

郭士纳看到了IBM问题的严重性。于是,郭士纳成功地说服了董事会,他要用5年时间来改造IBM。"如果公司的高层没有决心拿出起码是5年的时间来进行改革,那么机械性的重组很难成功。你必须让整个公司准备好为这样的计划拿出数年的时间,而且要明白,困难并不在开始,而是将变革推行下去,直至达到目的。"

郭士纳说:"公司重组不是简单的机构和资产重组。在进行认真的、有意义的公司重组之前,都必须对你所做的每一件事以及你管理公司的程序进行根本性的评价。IBM必须做这项工作。"为此,郭士纳做出以下决策:发挥优势,卖掉劣势,向未来方向进军。

首先,郭士纳加强了服务,在服务方面投入了大量的人力、物力、财力,在过去几年之内,利润每年以超过20%的速度增长,服务销售量一年接近190亿美元。

其次,郭士纳强调IBM要在软件方面继续发展,但发展的方向是避开微软的锋芒,在数据库、系统管理、协同运作等方面处于领先地位。因此,软件部门也是IBM增长利润的一个来源。

郭士纳对IBM的改造措施还有很多,不能一一述及,总之,在郭士纳担任总裁之后,IBM重振了"蓝色巨人"的雄风,至今仍是全球最大的计算机生产厂家之一。郭士纳虽然并不懂计算机,但他却给IBM带来了全新的经营思想,从而获得成功。

小贴士

创意属于有准备的人。有准备对于每一个人来说是非常重要的,所谓准备,就是具备某种技能或创意思维能力,能够在别人未想未行之前,先想先走一步,这样才能走在别人的前面。

第十四辑　创新让人生更精彩

给核桃分类的办法

在一个古老的村庄，所有的村民都靠着当地盛产的核桃为生。每到秋天，漫山遍野的核桃就给村民们带来了滚滚财富。此时此刻村民们也就忙碌了起来。

村民们的忙碌就像是和时间赛跑，因为谁的核桃先上市谁就会卖一个好的价钱，所谓"物以稀为贵"。等市场上已有许多的核桃之后，价钱就会降低了。于是人们在采集核桃时都争先恐后，采完之后也迅速返回家中，将采回来的核桃按大小、好坏分成不同的等级，再分装好，刻不容缓地沿着乡村公路拿到集市上去卖。

时间长了，许多人都发现一个奇特的现象。村里的人拿第一的永远是杰克，任何人都无法超越他，人们无论怎么努力都只能抢着做第二。而且当第二的人拿着核桃去卖的路上就可看见杰克推着空车回来了。

十几年下来都是如此。人们感到非常困惑："一定是有什么捷径吧！为什么他总是可以遥遥领先呢？"村民们想了许久，终于想了一个办法揭开谜底。这天，他们热情地邀请杰克去餐馆吃饭，说是为了庆祝其中一个人的生日，杰克不知是计，欣然前往。席间，几个村民频频给杰克敬酒，其中一个对他说："杰克，你知道吗？我一直都很欣赏你，每次赶集你总是第一，我一定要敬你一杯。"刚喝完，另一个接着又说："杰克，难得我今天过生日，你百忙之中抽时间来为我庆祝，我一定要敬你一杯。"

杰克很快就感到头晕晕的，也就大方地跟几个村民开怀畅饮起来。村民们见时机已到，就开始试探他每次都拿第一的秘诀，杰克闭着眼，笑呵呵地说："我哪有什么捷径啊！只不过是我不用花时间去分我的核桃，你们在分的时候，我就已经上路了，你们分好时，我就开始在集市卖了啊！"村民更纳闷了："为什么你不用分类，那样不是更亏吗？"杰克笑着回答："我在山上摘完之后，就挑坎坷不平的路走，这样一路颠簸下来，小核桃自然就到了下面，而大核桃就在上面，也很自然就分好了，我就不用花时间分了嘛！"

众村民你看我，我看你，一句话都说不出来。

小贴士

杰克为什么会在几十年的竞争中一直遥遥领先呢？答案就在于他具有创新能力。

拿破仑·希尔说："创新不需要天才。创新只在于找到新的改进方法。任何事情的成功，都是因为能找出把事情做得更好的办法。"

创新能力是你必须具备的核心竞争力，它是赢家的第一能力。美国著名心智发展专家约翰·钱斐说道："创新能力是一种强大的生命力，它能给你的生活注入活力，赋予你生活的意义。创新能力是你改变命运的唯一希望。"

聪明的徐文长

明代有一个大力士，有钱有势，无恶不作，经常欺压穷人，他曾经口出狂言："天下再也没有比我力气大的人了。"少年徐文长决心制服这个狂妄的大力士，便派人通知大力士，第二天来和他比比谁的力气大。

第二天，来了一大群看热闹的人。

第一轮比赛开始。徐文长指着石板上正在爬行的蚂蚁说："你说你力气大，那么你一掌能打死这只蚂蚁吗？"大力士一掌朝蚂蚁打去，可是却打不着。徐文长说："我只用一个手指就能把它打死。"接着，徐文长伸出一个指头，轻轻一按，蚂蚁就被压得粉碎。第一回合的比赛，大力士输了。

第二轮比赛开始了。徐文长指着一捆麦秸说："我能把一捆麦秸扔过河去，你连一根也扔不过去。"说完，捡起一捆麦秸就扔到了河的对岸；又抽出一根麦秸，递给了大力士，大力士运足了力气，用劲一扔，那根麦秸却飘悠悠地落到了河里。第二个回合的比赛。徐文长又赢了。

第三轮比赛开始了。徐文长指着河边的一条小船说："咱们比比谁能使这条船沉到河底。"大力士跳到船舱，用尽全身力气，把船使劲往水里按，却无法把它按到水里去。徐文长跳进船里，从船底撬起一块船板，水灌了进来，船一会儿就沉下去了。第三个回合，徐文长又战胜了大力士。

从此以后，大力士再也不敢吹嘘自己的力气大，再也不敢欺负穷人了。

小贴士

徐文长可谓有胆有识，他巧妙地利用智慧战胜了大力士。在生活中，创新往往存在于协调与不协调之间，在中规中矩的逻辑里，往往很难找到创新。一切顺理成章、习惯成自然的事物，怎么抓得住人的五官和心灵呢？如果能够让别人产生一种惊愕的感觉，也就抓住了创新！

洛列的致富之路

伊夫·洛列——法国一位美容品制造师就是靠经营花卉发家的，在一次新闻发布会上，他深有感触地说：

"我的今天，多亏了卡耐基先生，在他的课上我学会了一个秘诀。在过去我对这个秘诀未能足够的重视，甚至多次与它擦肩而过。而现在我要说这个秘诀：创新的确是一种美丽的奇迹！"

伊夫·洛列从1960年开始生产美容品，到1985年，他已经在全世界拥有960家分号。

1958年，伊夫·洛列从一位年老体衰的女医师那里偶然得到了一种专门治疗痔疮的特效药膏秘方。这个秘方的内容令他产生了浓厚的兴趣，他依据这个药方配制，研制出了一种植物香脂，并开始挨家挨户的上门去推销这种新型产品。

有一天，伊夫·洛列忽然灵机一动，为何不在《这儿是巴黎》杂志上刊登一则介绍自己商品的广告呢？

伊夫·洛列的这一大胆尝试果然使他获得了意想不到的成功，就当他的朋友还在为他所付出的巨额广告投资惴惴不安时，他的产品已在巴黎开始畅销起来，原以为会泥牛入海的广告费用，与其获得的利润相比，显得轻如鸿毛一样。

当时，用植物和花卉制造的美容用品在一些人看来毫无前途可言，几乎没有人愿意在这一领域大量投入资金，而伊夫·洛列却反其道而行之，并对此产生了奇特的迷恋之情。

1960年，伊夫·洛列所研制的美容霜开始小批量生产，他那独具创新的邮购销售方式，再次让他获得了巨大的成功。在极短的时间内，伊夫·洛列通过采用各种营销方式，顺利地推销了多达70多万瓶的美容用品。

如果说伊夫·洛列采用植物制造美容品是一种大胆的尝试的话，那么采取邮购的营销方式则是他的一种创举。

1969年，伊夫·洛列创办了他的第一家工厂，并在巴黎奥斯曼大街上开设商店，开始销售自己生产的美容用品。

他还对他的每一位职员说："我们的每一位女顾客都是王后，你应该像对待王后那样对其进行服务。"

为了贯彻这个宗旨，他首创了邮购的营销方式。

公司的邮购业务几乎占到全部订单的50%。

邮购的手续也很简单，顾客只需将地址填妥便可加入"洛列美容俱乐部"，并会在很短的时间内即可收到样品、价目表和说明书。

这种销售方式对那些工作繁忙没时间逛街购物的女士带来了很大的方便。到目前为止，全球通过邮寄方式从俱乐部订购产品的妇女已达6亿人次。

他的公司每年收到8 000余封函件。这些信件中，有的为公司提出合理化建议，有的甚至寄来照片和亲笔签名。公司的回复函里往往也告诫订购者：美容霜并非万能的，有节奏的生活是最佳的化妆品。这样一来，顾客和公司便建立了固定的联系。

公司还把1 000万名女顾客的信息输入电脑，在她们的生日或重要节日时，公司都要送上些小礼品以示祝贺。

这样做的成果是，公司的销售额年增长率为30%，一年的收入超过了25亿法郎，而且国外的业绩比国内的还要好。

如今，公司的产品已增至400余种，同时拥有着800万名忠实的女顾客。

伊夫·洛列终于在付出了他的艰辛和劳苦之后，找到了成功的契机。化妆品市场竞争激烈，稍有不慎，便会被淘汰出局。

伊夫·洛列通过他不同于大众的产品——植物花卉美容品，使化妆品低档化、大众化，从而满足各个不同阶层顾客的需要。

小贴士

伊夫·洛列的那句话为我们做了最好的点评："创新的确是一种美丽的奇迹！"没有创新，你的生命之水就会慢慢干涸，而勇于创新的人，就能够取得人生的成功。

尤伯罗斯的金牌

1984年以前的奥运会主办国，几乎是"指定"的。对举办国而言，往往是喜忧参半。能举办奥运会，自然是国家民族的荣誉，还可以乘机宣传本国形象，但是以新场馆建设为主的大规模硬件软件投入，又将使政府负担巨大的财政赤字。奥运会几乎变成了为"国家民族利益"而举办，为"政治需要"而举办。赔老本已成奥运定律。最好的自我安慰就是：有得必有失嘛！直到1984年洛杉矶奥运会，美国商界奇才尤伯罗斯接手主办奥运会，运用他超人的创新思维，改写了奥运经济的历史，不仅首度创下了奥运史上第一巨额盈利纪录，更重要的是建立了一套"奥运经济学"模式，为以后的主办城市如何运作提供了样板。

鉴于其他国家举办奥运的亏损情况，洛杉矶市政府在得到主办权后即做出一项史无前例的决议：第23届奥运会不动用任何公用基金。开创了民办奥运会的先河。

尤伯罗斯接手奥运之后，发现组委会竟连一家皮包公司都不如，没有秘书、没有电话、没有办公室，甚至连一个账号都没有。一切都得从零开始，尤伯罗斯决定破釜沉舟。他以1060万美元的价格将自己的旅游公司股份卖掉，开始招募雇佣人员，把奥运会商业化，进行市场运作。

第一步，开源节流。

尤伯罗斯认为，自1932年洛杉矶奥运会以来，规模大、虚浮、奢华和浪费成为时尚。他决定想尽一切办法节省不必要的开支。首先，他本人以身作则不领薪水，在这种精神感召下，有数万名工作人员甘当义工；其次，延用洛杉矶现成的体育场；再次，把当地的3所大学宿舍作为奥运村。仅后两项措施就节约了数以10亿计的美金。

第二步，声势浩大的"圣火传递"活动。

奥运圣火在希腊点燃后，在美国举行横贯美国本土的15万公里圣火接力跑。用捐款的办法，谁出钱谁就可以举着火炬跑上一程。全程圣火传递权以每公里3000美元出售，15万公里共售得4500万美元。尤伯罗斯实际上是在卖百年奥运的历史、荣誉等巨大的无形资产。

第三步，狠抓赞助、转播和门票三大主要收入。

尤伯罗斯出人意料地提出，赞助金额不得低于500万美元，而且不许在场地内包括其空中做商业广告。这些苛刻的条件反而刺激了赞助商的热情。一家公司急于加入赞助，甚至还没弄清所赞助的室内赛车比赛程序如何，就匆匆签字。尤伯罗斯最终从150家赞助商中选定30家。此举共筹到117亿美元。

最大的收益来自独家电视转播权转让。尤伯罗斯采取美国三大电视网竞投的方式，结果，美国广播公司以225亿美元夺得电视转播权；尤伯罗斯又首次打破奥运会广播电台免费转播比赛的惯例，以7000万美元把广播转播权卖给美国、欧洲及澳大利亚的广播公司。

门票收入，通过强大的广告宣传和新闻炒作，也取得了历史最高水平。

第四步，出售以本届奥运会吉祥物山姆鹰为主的标志及相关纪念品。

结果，在短短的十几天内，第23届奥运会总支出5.1亿美元，盈利2.5亿美元，是原计划的10倍。尤伯罗斯本人也得到47.5万美元的红利。在闭幕式上，国际奥委会主席萨马兰奇向尤伯罗斯颁发了一枚特别的金牌，报界称此为"本届奥运最大的一枚金牌"。

小贴士

拥有创新精神的尤伯罗斯完全配得上那枚金牌，因为他为奥林匹克运动会的普及和发展做出了巨大的贡献。其实奥运会运动员那一项项刷新纪录的好成绩又何尝不是创新呢？这个故事又一次向我们揭示了"创新是一切事物发展的必须"这样的道理。

沃特森的口号

在每个IBM管理人员的桌上，都摆着一块金属板，上面写着"创新"这个词。这二字箴言，是IBM的创始人汤姆·沃特森提出的。1911年12月，沃特森还在担任国际收银公司销售部门的高级主管。有一天，天气十分寒冷，沃特森主持了一项销售会议。会议进行到了下午，气氛沉闷，无人发言，大家都显得焦躁不安。有人甚至在闭目养神。

看着大家无精打采的样子，沃特森在黑板上写下了"创新"两个字，然后对大家说："我们共同的缺点是，对每一问题都没有去充分地思考，别忘了，我们都是靠动脑筋赚得薪水的。"

在场的国际收银公司的总裁巴达逊对"创新"大为赞赏，当天，这个词就成为国际收银公司的座右铭。3年后，它随着沃特森的离职，变成了IBM的箴言。

"创新"是沃特森从多年的推销员经验中总结孕育出来的。1895年他进入国际收银公司当推销员，他从公司的"推销手册"中学到许多推销的技巧，但理论与实践总有一段距离，所以他的业绩一直很不理想。同事告诉他，推销不需要特别的才干，只要用脚去跑，用口去说就行了。沃特森照做了，还是到处碰壁，业绩很差。后来，他从困境中慢慢体会出，推销除了用脚与嘴巴之外，还得靠大脑。想通了这一点后，他的业绩大增。3年后，他成为业绩最高的推销员。这就是"创新"二字箴言的由来。

小贴士

事业、工作的成功是人获得幸福的源泉。但是，世界上的一切事情的成功都不是很容易就能够获得的。事业要成功、人要得到幸福，必须依靠自己的创新精神。只有不断去创造、创新，才能不断进步，从大众中脱颖而出，取得成功，否则，就可能像早期的沃特森那样，"业绩一直不理想"。

车票上印有唐诗的公交

两个开发商，一个在城东开发圆梦花园，一个在城西开发凤凰山庄。一年后，总投资12个亿的圆梦花园建成了。70栋楼房环湖排列，波光倒影，清新雅静，真如在花园一般。不久，凤凰山庄也竣工了。它真像一座山庄，70栋楼房依山而筑，青砖红瓦，绿树掩映，确实是理想的居住地。

圆梦花园首先在当地电视上打出广告，接着是报纸和电台，他们打算投资200万元做宣传。凤凰山庄建好后也拿出200万元，不过它不是给广告公司，而是给了公交公司，让他们把跑西线的车由每天的15班增加到每天60班。一年过去，凤凰山庄开始清盘，圆梦花园开始降价。

又一年后，去凤凰山庄的车每天已达到500班，几乎每3分钟就有一辆。坐这条线路上的车，可以得到一张如公园门票大小的彩色车票，它的正面是凤凰山庄的广告，反面是一首唐诗中的七言绝句，这种车票每周一换。据说，凤凰山庄有个孩子在车上背了500多首唐诗，最少的也背了好几十首。

前不久，圆梦花园向银行申请破产，凤凰山庄借势收购，从此，市区又多了一条车票上印有宋词的线路。

小贴士

创新思维是一种积极的思路，凡成大事者都有超出常人的创新思维。在残酷的竞争面前，创新思维会给当事人带来生机和活力。毫无疑问，我们必须要保持一种创新思维，用新思维突破常规观念，只有超越自己的过去，才能立于不败之地。

乔治的高招

2001年5月20日,美国一位名叫乔治·赫伯特的推销员,成功地把一把斧子推销给了小布什总统。布鲁金斯学会得知这一消息,把一只金靴子赠予了他,金靴上刻有几个漂亮的字:最伟大的推销员。这是自1975年以来,该学会的一名学员成功地把一台微型录音机卖给尼克松后,又一学员登上如此高的荣誉宝座。

布鲁金斯学会以培养杰出的推销员闻名于世。它有一个传统,在每期学员毕业时,设计一道最能体现推销员能力的实习题,让学生去完成。克林顿当政期间,他们出了这样一个题目:请把一条三角裤推销给现任总统。8年间,无数学员为此耗费心机,没有一个人取得成功,克林顿卸任后,小布什接任美国总统,布鲁金斯学会把题目换成:请把一把斧子推销给小布什总统。

鉴于前8年的失败与教训,许多学员知难而退。个别学员甚至认为,这道毕业实习题会和克林顿当政期间一样毫无结果,因为现在的总统什么都不缺少,再说即使他需要什么东西,也用不着亲自购买。

但是,知难而进的乔治·赫伯特成功地做到了,并且没有花多少工夫。一位记者采访他的时候,他是这样说的,"我认为,把一把斧子推销给小布什总统是完全可能的,因为布什总统在得克萨斯州有一农场,里面种着许多树。于是他给总统写了一封信,说,亲爱的总统先生,在您百忙之中打搅您,实在不好意思。有一次,我有幸参观您的农场,发现里面长着许多矢菊树,有些已经死掉,木质已变得松软。我想,您一定需要一把小斧头,但是从您现在的体质来看,新的小斧头显然太轻,因此您需要一把不甚锋利的老斧头,现在我这儿正好有一把这样的斧头,很适合砍伐枯树。倘若您有兴趣的话,请按这封信所留的信箱,给予回复……最后他就给我汇来了15美元。"

小贴士

乔治·赫伯特的成功对我们来说,既是一个意外,又在意料之中。他成功的关键就在于他找到了创新需要突破的那个点——布什的农场。其实,创新不只是某些特殊人物的专利,只要做个有心人,你也可以成功创新。

交换刷墙的权利

马克·吐温小时候,有一天因为逃学,被妈妈罚着去刷围墙。围墙有十几米长,比他的头顶还高。

他把刷子蘸上灰浆,刷了几下。刷过的部分和没刷的相比,就像一滴墨水掉在一个球场上。他灰心丧气地坐下来。

他的一个伙伴桑迪,提只水桶跑过来。"桑迪,你来给我刷墙,我去给你提水。"马克·吐温建议。桑迪有点动摇了。"还有呢,你要答应,我就把我那只肿了的脚指头给你看。"

桑迪经不住诱惑了,好奇地看着马克·吐温解开脚上包的布。可是,桑迪到底还是提着水桶拼命跑开了——他妈妈在瞧着呢!

马克·吐温又一个伙伴罗伯特走来,还啃着一只松脆多汁的大苹果,引得马克·吐温直流口水。

突然,他十分认真地刷起墙来,每刷一下都要打量一下效果,活像大画家在修改作品。

"我要去游泳。"罗伯特说,"不过我知道你去不了。你得干活,是吧?"

"什么?你说这叫干活?"马克·吐温叫起来。"要说这叫干活,那它正合我胃口,哪个小孩能天天刷墙玩呀?"他卖力地刷着,一举一动都特别快乐。罗伯特看得入了迷,连苹果也不那么有味道了。"嘿,让我来刷刷看。""我不能把活儿交给别人。"马克·吐温拒绝了。

"我把这苹果给你!"

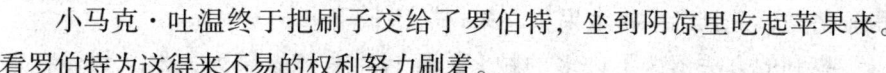

小马克·吐温终于把刷子交给了罗伯特,坐到阴凉里吃起苹果来。看罗伯特为这得来不易的权利努力刷着。

一个又一个男孩子从这里经过,高高兴兴想去度周末。但他们个个都想留下来试试刷墙。

马克·吐温为此收到了不少交换物:一只独眼的猫,一只死老鼠,一个石子,还有四块橘子皮。

小贴士

马克·吐温后来成为名扬全球的幽默小说作家,这个故事不过是这棵智慧巨树上的一片绿叶,它虽然显得有点滑稽和调皮,却让人看到了创新的力量:只要有了创新,就能化腐朽为神奇,在平庸中创造出奇迹。

亨利的点子

亨利开了一家水果店,但是因为同行竞争太激烈,水果又有保鲜期,不及时卖出就很容易烂掉,亨利一直入不敷出。眼看着就要关门倒闭了,亨利绞尽脑汁希望能有一个万全之策改变现状。

一天夜里,亨利梦见自己进了一个苹果园,苹果树上挂了许多新鲜诱人的苹果,香气宜人,他把每个苹果都看得很仔细。醒来之后,亨利高兴得手舞足蹈,因为他想到了一个很好的方法来解决生意惨淡的问题。

第二天,亨利在自己的水果店门口贴了一张很大的广告:"新鲜诱人的水果,现摘现卖,让你看得清楚、买得放心。"顾客看到这张与众不同的广告之后,感到非常好奇,水果堆起来的怎么现摘现卖呢?而后面的"看得清楚,买得放心"更吸引了顾客,因为卖水果总是堆放着的,让顾客们很难挑选。

短短的时间之内,亨利的店里就挤满了顾客,他们脸上都洋溢着笑容,因为亨利真的做到了广告上所说的,他在自己的店里放上许多假的果树,把水果都挂到了树上,红红的苹果、金黄的香蕉、绿色的葡萄……散发着宜人的香味,让人垂涎欲滴,顾客可以把每一个水果都看得很清楚，并且亲手将水果从"果树"上摘下来。

亨利的方法招徕了许多的顾客，而且生意越做越大，他又到塑料厂订做了更多各式各样的果树，在同行内很快就遥遥领先。有些顾客还在他的水果店里将果树和水果一起买走，放在家里，现吃现摘。

小贴士

亨利的创新不仅使他的水果店起死回生，还给他带来了丰厚的利润。事情往往就是这样，如果你拥有与众不同的创新就会有与众不同的收获。

人的思维定式大多是在学习前人的知识和经验时形成的，在现实世界中，"随大流"的现象是普遍存在的。"随大流"的思想是思维惯性的一种表现，大多数人想做的事情一定是常规的、稳定的、新意甚少。所以，我们要想在众人中脱颖而出，就必须在思维上要克服"随大流"思想，突破固有的思维定式，突破思想堡垒，延伸创意。

改革经营模式

有一家日本企业，刚开始的时候效益还算不错，可是没过几年，却突然陷入了原地踏步的状态。企业的管理阶层左思右想始终都没有搞懂原因何在，他们依然按照以前的经营方式，企业上下所投入的热情也没有丝毫减少，怎么效益就不如以前了呢？

为了弄清事情的原因所在，他开始四处寻找提升效益的方法，最后终于茅塞顿开。原来，随着社会的发展，竞争越来越激烈，别人都在不断地创新，寻找更适合发展的道路，而他们却沉溺于原来的效益，还是用那套比较落伍的方法经营。这能不原地踏步吗？

于是，他开始大胆地对企业进行改革，实行全新的经营管理模式。果然，效益开始不断地上升，企业呈现出良好的发展态势。

小贴士

现代社会竞争异常激烈。在竞争之中，想要脱颖而出，一定要有过

人之处，否则就只能寸步难行、艰难度日。创新有时会是一场冒险，但是更多的时候却是一种超越，只有勇于创新才会有意外的收获。

蜗牛爬行的问题

在一所名牌大学的知识竞赛中出了这么一道思考题：

有一只蜗牛，住在一棵梧桐树下面，一天清晨，太阳刚刚升起，蜗牛便开始从树根向树梢上爬。它爬得忽快忽慢，有时还停下来四处望望，躲避可能的危险。直到太阳落山的时候，这只蜗牛终于爬到了梧桐树的树梢，在树梢上睡了一觉。

第二天清晨，也是太阳刚刚升起的时候，蜗牛开始从树梢向下爬，它沿着昨天爬行所留下来的印痕，忽快忽慢地朝树根爬去。有时它也停下来望望，或者吸食一点树汁，总的来看，朝下爬要比朝上爬轻松多了，所花费的时间也少一些。这样，当太阳还没落山的时候，蜗牛就已经爬到了梧桐树的根部，也就是昨天它出发的地点。

现在请问：在蜗牛上下爬行的途中，会不会存在着这样的一个点：蜗牛第一天上树时经过这一点的时刻，和蜗牛第二天下树时经过这一点的时刻完全相同？

解答这个问题，首要的是确定正确的思路。思路正确，问题便会迎刃而解，否则就会一筹莫展。在这里，正确的思路有许多种，其中较简单的一种是：利用头脑中的视觉形象，把第一天和第二天重合起来，把上树的蜗牛和下树的蜗牛设想为两只蜗牛，它们从树根和树梢同时出发，沿着同一条路线相对爬行，两只蜗牛肯定要在中途相遇。显然，相遇的那一点就是问题的答案。

但当这个问题提出后，出现短暂的沉默后，有的选手开始在纸上画图，想通过画图法解决，有的选手设置了一些变量，开始忙着计算。这些曾在高考中过关斩将的"将中之将"们在这个问题前显得手忙脚乱，如坠雾中。

这些大学生怎么了，难道是他们的智商不行？这显然不是，他们可都是高才生，那原因何在呢？关键就在于他们的创新能力在萎缩。

小贴士

创新的怀疑精神要求人们既尊重知识,又不迷信权威;既继承前人的成就,又努力攀登科学更高峰峦;既相信书本,又不被书本所束缚。运用质疑进行知识创新,你就能打开创新的大门,同样,你也会品尝到秋天的累累硕果。

常规思维与创新思维

黎锦熙(1890~1978年)是我国著名的国学大师。20世纪20年代,他在湖南办报,当时帮他誊写文稿的有三个人。

第一个抄写员沉默寡言,每天都闷不做声,只是老老实实地抄写文稿,错字别字也照抄不误,后来这个人一直默默无闻。

第二个抄写员非常认真,他对每份文稿都先进行仔细地检查然后才抄写,遇到错字病句都要改正过来。后来,这个抄写员写了一首歌词,经聂耳谱曲后命名为《义勇军进行曲》。他就是田汉。

第三个抄写员与众不同,他也仔细地看每份文稿,但他只抄与自己意见相符的文稿,对那些意见不同的文稿则随手扔掉,一句话也不抄。后来,这个人建立了以《义勇军进行曲》为国歌的中华人民共和国。他就是人民领袖毛泽东。

通常,思维可分为常规性思维和创新性思维两种。常规性思维一般是按照一定的固有思路方法进行的思维活动,他们的思维缺乏灵活性。创新性思维的核心是创新突破,而不是过去的再现和重复。

小贴士

对于想成功的人来说,必须明白:人们为了取得对尚未认识的事物的认识,总要探索前人没有运用过的思维方法,寻求没有先例的办法和措施去分析、认识事物,获得新的认识和方法,从而锻炼和提高人的认识能力。

在实践过程中，运用创新性思维，提出了一个又一个新的观念，形成一种又一种新的理论，做出一次又一次新的发明和创造，都将不断地增加一个人成就大业的能力。

成功的可贵之处在于创新性的思维。一个成大事的人只有通过有所创新，才能体会到人生的真正价值和真正幸福。并激励人们以更大的热情去继续从事创新性实践活动，实现人生的更大价值。